AF303337

Modelldampfkessel im Eigenbau für dampfbetriebene Grossmodelle.

Dieses Kesselhandbuch dient als Hilfe für den Modellbauer zur Erstellung eigener
Dampfkessel im Eisenbahn, Dampftraktor und Schiffsmodellbau. Es informiert über die
aktuellen rechtlichen Rahmenbedingungen und die geeigneten Verfahren und Werkstoffe.

Dies ist die gedruckte und aktualisierte Version der schon länger verfügbaren Broschüre
des
Dampfbahn-Club Deutschland e.V.

Modelldampfkessel
Das Kesselhandbuch des DBC-D

Bibliografische Information der Deutschen Nationalbibliothek:

Die Deutsche Nationalbibliothek verzeichnet diese Publikation
in der Deutschen Nationalbibliografie, detaillierte bibliografische
Daten sind im Internet über http://dnb.dnb.de abrufbar.

3. Auflage 2015

Copyright: 2015 DBC-D, Dampfbahn-Club Deutschland
Herstellung und Verlag
BoD – Books on Demand, Norderstedt

ISBN: 978-3-7386-0411-5

Abschnitt 1 Grundlagen

Abschnitt 2 Planung

Abschnitt 3 Herstellung

Abschnitt 4 Prüfung

Abschnitt 5 Betrieb

Beispiele

Anhang

Modelldampfkessel

Planung Bau Prüfung Betrieb

Vorwort

Etwa vor 230 Jahren begann man die Dampfkraft wirtschaftlich zu nutzen. Das aufstrebende Industriezeitalter war wesentlich gekennzeichnet vom Einsatz der Dampfmaschine als Antrieb in Bergwerksanlagen, in Fabriken und dann auch auf Landfahrzeugen und Schiffen. Es war anfangs ein risikoreicher Weg zu gehen, bis man diese Technik einigermaßen beherrschen konnte. Heute kann man auf umfangreiche Erfahrungen zurückgreifen, die sich in entsprechenden Vorgaben für Planung und Entwurf, sowie den Bau, die Prüfung und den Betrieb von Dampfanlagen niedergeschlagen haben.

Der Dampfmodellbau mit seinen Spielarten Gartenbahnlokomotiven, Straßenlokomotiven, Dampfwalzen, stationären Anlagen oder sonstigen Dampfmodellen wird beherrscht von den Maßstäben 1:16 bis 1:2. Anders als bei den Kesselchen unserer bekannten Spielzeugdampfmaschinen ergeben sich hier je nach Maßstab und Vorbild doch verhältnismäßig ansehnliche Dimensionen. Wir stoßen dabei in Bereiche vor, in denen man nicht mehr ohne weiteres drauflos bauen kann.

Jeder Betreiber eines Dampfmodells, der dieses auf Ausstellungen, Clubanlagen usw. in Betrieb nimmt, unterliegt der gesetzlichen Haftpflicht nach BGB für eventl. dadurch Dritten (Zuschauer, Besucher usw.) zugefügten Schäden.

Unter diesem Aspekt und ggf. im Zusammenhang mit einer Versicherung der Haftpflicht müssen die Regeln der Dampftechnik ausreichend berücksichtigt werden. Ansonsten könnte im Schadensfall einen Betreiber der Vorwurf der Fahrlässigkeit treffen!

Die Anforderungen an Dampfanlagen sind ausschließlich im verfügbaren Regelwerk definiert. Leider ist dies jedoch umfangreich und komplex. Der DBC-D wagt mit dieser Broschüre den Versuch, Vorgaben für Dampfanlagen so zu filtern und zu ordnen, dass dem Dampfmodellbauer ein übersichtliches und umfassendes Nachschlagewerk an die Hand gegeben werden kann.

Der DBC-D dankt dem Autorenteam:

M. Zundel, H.B. Dietz, H. Müller, H. Toffolo-Haupt, K. Wedel (TÜV), H. Ehrle, T. Adler, W. Wiegand

Vorwort zur dritten Auflage

Mittlerweile liegt diese durchgesehene und überarbeitete Buchversion der Broschüre aus dem Jahre 2006 in der dritten Auflage vor. Die sich ständig ändernde Gesetzgebung zwingt uns zur dauernden Anpassung an die herrschenden Verhältnisse. Neben der Aktualisierung bemühen sich die Autoren um die Einbeziehung der Kesselbehandlung nach der Herstellung. Das Kapitel Betrieb ist deshalb neu hinzugekommen.

Wir möchten hiermit alle an dem Thema Interessierten auffordern sich mit Wünschen zur Erweiterung oder Änderung an die Autoren zu wenden. Alle Anmerkungen, Kommentare und Korrekturen sind sehr willkommen.

Im Auftrag des DBC-D

Thomas Adler   (thomas.adler@dbc-d.de)
Wolfgang Wiegand

Im November 2015

Einleitung

Dampfkessel und TÜV

Das Wort TÜV kennt heute zumindest jeder, der ein Auto sein Eigen nennt. Die meisten wissen aber auch, dass der TÜV seinen Ursprung im Bestreben hatte, den Betrieb von Dampfanlagen sicherer zu machen. Im 19. Jahrhundert kam es noch öfter vor, dass der eine oder andere Kessel zerknallte (umgangssprachlich als explodieren bezeichnet). Als dies nicht mehr hingenommen werden konnte, denn der Verlust an Leben und Sachwerten war jedes Mal beträchtlich, gründeten die Betreiber von Dampfkesseln selbst den national ausgerichteten **DEUTSCHEN DAMPFKESSEL ÜBERWACHUNGSVEREIN**. Man wollte damit auch einer eventuell strikten staatlichen Reglementierung zuvorkommen.

Neben der Prüfung von Kesseln sammelte sich im Laufe der Zeit für diese Thematik auch ein Regelwerk an, aus dem die notwenige Vorgehensweise zum Entwurf, Bau, Prüfung und Abnahme, sowie dem regulären Kesselbetrieb entnommen werden konnte. Über die Jahrzehnte wurde dieses Wissen weiterentwickelt. Vor allem neue Fertigungsmöglichkeiten, besonders aber die modernen und verfeinerten Werkstoffe fanden ihren Niederschlag.

Bis zur Jahrtausendwende hatten die europäischen Länder im Hinblick der Dampfanlagen eigene Gesetze und Vorschriften. Im Bestreben, Handelshemmnisse zu beseitigen, bemüht sich die Europäische Union in vielfältiger Art. Deshalb war es auch im Bereich von Dampfanlagen und Druckgeräten der Wille des Europäischen Parlaments, vorhandene Erschwernisse zu beseitigen. Man gab den europäischen Mitgliedsstaaten die Richtlinie 97/23 EG mit der Bedingung in die Hand, dass diese Richtlinie in nationales Recht umgesetzt wird.

Der DBC-D will mit der vorliegenden Broschüre allen Interessierten einen Ratgeber anbieten. Praktiker, die über mehrere Jahrzehnte im Dampfmodellbau zu Hause sind, stellen hier ihr Wissen konzentriert zur Verfügung, damit die Herstellung und der Betrieb eines Modellkessels sicher und erfolgreich abläuft. Ein ganz besonderes Anliegen dabei ist, aus der verwirrenden Vorschriftenlage für den Dampfmodellbau die wesentlichen Punkte heraus zu arbeiten, und in übersichtlicher Form darzustellen. Verfolgt wird damit einerseits der Zweck, dass auch dem mit Gesetzen und Vorschriften nicht so Vertrauten, erst einmal die Scheu davor genommen werden kann.

Schwerpunkt ist dann, bei dem Modellbauer, der _selbst_ einen Modelldampfkessel für sein Projekt herstellen möchte, das Bewusstsein und das Verständnis zu schaffen, elementare Sachverhalte berücksichtigen und beherrschen zu können. Darüber hinaus finden auch solche Erbauer, die sich an größere Kessel heranwagen, und hier auf eine Begleitung durch den Sachverständigen des TÜV, DEKRA usw. angewiesen sind, wertvolle Ratschläge.

Definitionen   Was ist ein Dampfkessel?

Um Botschaften austauschen zu können, muss in einer einheitlichen Sprache gesprochen werden. Allgemein bedient man sich (z.B. für Fremdsprachen) zuerst eines „Wörterbuches"! Wollen wir uns in Europa über Dampfkessel verständigen, hilft uns als „europäisches Dampfkesselwörterbuch" **PED 2014 / 68 / EU** – also die Europäische Druckgeräte-Richtlinie. (Ersatz für PED 97/23 EG)

Hier sind unterschiedliche Druckgeräte aufgeführt, weil eben diese Richtlinie nicht nur allein für Dampfkessel gilt. Diese Tatsache macht die ganze Sache auf den ersten Blick verwirrend!

Ziel dieses Buchs ist wie schon erwähnt, die den Dampfbereich, und hier wiederum nur speziell die den Dampfmodellbau betreffenden Punkte aufzugreifen. Deswegen muss zunächst die Definition, was ein Dampfkessel ist, bekannt sein. Hierzu sagt PED 2014/68/ EU im Artikel 4 Abs. 1 b) folgendes, gültig für alle (Dampf)Geräte deren Betriebsüberdruck mehr als 0,5 bar beträgt:

Dampfkessel im Sinne dieser Regelung sind befeuerte oder anderweitig beheizte Druckgeräte mit Überhitzungsrisiko zur Erzeugung von Dampf oder Heißwasser mit einer Temperatur von mehr als 110° C und einem Volumen von mehr als 2 Liter.

Dem Begriff Baugruppe Dampfkessel werden folgende Bauteile zugeordnet:

Behälter (also der eigentliche Kessel)
Rohrleitungen
Ausrüstungsteile mit Sicherheitsfunktion (z. B. Sicherheitsventil)
drucktragende Ausrüstungsteile (z.B. Wasserstandsanzeiger)

Konformitätsbewertungsdiagramm

Dampfkessel werden gemäß PED 2014/68/EU Artikel 4 Abs. 1 b) und **(Anhang II Diagramm 5)** entsprechend ihrem Druck x Volumen-Produkt (PS x V) in folgende Kategorien eingeteilt:

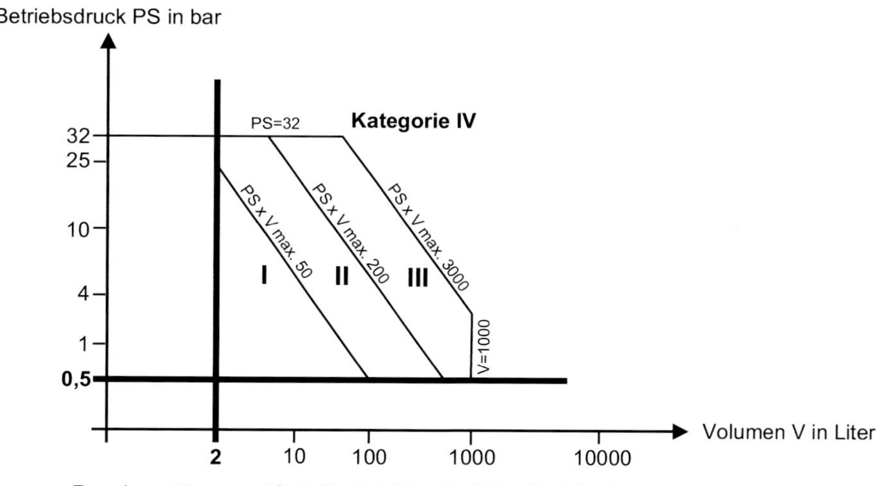

Druckgeräte gemäß Artikel 4 Absatz 1 Buchstabe b

Das Diagramm definiert **4 Kategorien,** um entsprechend des durch Volumen und Betriebsdruck gegebenen Risikopotentials die dazu passenden Konformitätsbewertungen auswählen zu können.

Die Kategorien römisch I bis IV sind Grundlage für die Konformitätsbewertung und geben Modulkategorien vor.

Kategorie I   PS x V = bis   **50**
Kategorie II PS x V = > 50 bis **200**
Kategorie III PS x V = > 200 bis **3000**
Kategorie IV PS x V =   **> 3000**

Als Volumen gilt heute das **gesamte innere Volumen** des Kessels einschließlich Stutzen bis zum Absperrorgan des Entnahmepunktes. Die frühere Vorgabe, wo als Wasserinhalt bei Dampfkesseln mit festgesetztem niedrigsten Wasserstand nur die Wassermenge bis NW gerechnet wurde, ist weggefallen.

Kessel mit Drücken PS < 0,5 bar werden durch diese Richtlinie nicht erfasst. Dampfkessel mit PS > 32 bar gehören unabhängig vom Volumen in Kategorie IV. Dampfkessel mit einem Volumen bis 2 Liter müssen in Übereinstimmung mit der geltenden guten Ingenieurpraxis ausgelegt und gefertigt werden, damit gewährleistet ist, dass sie sicher verwendet werden können.

Wie eingangs dargestellt, bewegt sich der Dampfmodellbau im Rahmen der Maßstäbe 1:16 bis 1:2. Diese Maßstäbe ergeben in den Modellen Kessel, die überwiegend der Kategorie I und II zuzuordnen sind. Größere Modelle können in die Kategorie III fallen.

Das Konformitätsbewertungsverfahren, das Metermaß der Sicherheit...

Ob ein Kessel konform mit dem gültigen Maßstab der Sicherheit ist, wird in einem Vorgang bewertet, man könnte auch sagen - geprüft. Dieser Vorgang wird halt etwas umständlich als „Konformitätsbewertungsverfahren" bezeichnet. Man muss aber auch Verständnis aufbringen für die Tatsache, dass in der Europäischen Union gar vielerlei Sprachen gesprochen werden. Deshalb sollte man dieses lange deutsche Wort mit einem Schmunzeln zur Kenntnis nehmen. Trotzdem sind die eigentlichen Sachverhalte sehr detailliert beschrieben.

Das „K-Verfahren" beschreibt alle Stationen vom Entwurf bis zur Endabnahme. Für die verschiedenen Kategorien sind in der Richtlinie 2014/68/EU jeweils unterschiedliche Module im Anhang III festgelegt und beschrieben.

Die römischen Ziffern im Diagrammen entsprechen folgenden Modulkategorien:

I   =   Modul **A**

II =   Module **A2, D1, E1**

III =   Modul **B** (Entwurfsmuster 3.2) **+ D**, oder **B** (Entwurfsmuster 3.2) **+ F**,
        B (Baumuster 3.1) **+ E**, oder **B** (Baumuster 3.1) **+ C2**, oder **H**

IV =   Module **B** (Baumuster 3.1) **+ D**, oder **B** (Baumuster 3.1) **+ F**, oder **G**, oder **H1**

Die Module selbst sind in der PED 2014/68/EU im Anhang III genauestens und umfangreich beschrieben, so dass empfohlen werden kann, im Internet darin weiter zu recherchieren.

Die strikte Trennung zwischen Herstellung (europäisches Recht) und Betrieb (nationales Recht) einer Dampfkesselanlage ist in der folgenden Tabelle dargestellt.

Übersicht Konformitätsbewertung, Prüfung, Erlaubnisvorbehalt Modellkessel Kategorie I bis III

Vereinfachte Darstellung für **Einzelfertigung**, Betriebsüberdruck unter 32 bar

Einteilung	Europäisches Recht						Nationales Recht			
	Konformitäts-bewertung			Prüfung vor Inbetriebnahme			Wiederkehrende Prüfungen			Erlaubnisvorbehalt
	PED 2014/68/EU			Anhang I PED 2014/68/EU Betriebssicherheitsverordnung § 14			Betriebssicherheitsverordnung §15			Betriebssicherheitsverordnung §13
Kategorie	Modul Anhang III	Erklärung und CE-Zeichen	Kenn-zeich-nung	Schluss-prüfung	Hydros-ta-tischer Druckver-such	Prüfung der Si-cher-heits-einrich-tungen	Äußere Prüfung 1 Jahr	Innere Prüfung 3 Jahre	Hydro-stati-scher Druck-versuch 9 Jahre	
I PS x V max. **50**	A	H	H	H	H	H	nein	nein	nein	nein
II PS x V max. **200**	A2	H	H	H	H	H	nein	nein	nein	nein
III PS x V max. **1000**	B 3.2 u. F	H	H	ZÜS	ZÜS	ZÜS	nein	nein	nein	nein
III PS x V max. **3000**	B 3.2 u. F	H	H	ZÜS	ZÜS	ZÜS	ja	ja	Ja	nein

Verwendete Abkürzungen

ZÜS — **Z**ugelassene **Ü**berwachungs-**S**telle (in Deutschland TÜV, DEKRA, GTÜ, SGS) in PED 2015/68/EU ist die ZÜS neuerdings mit „notifizierter Stelle" definiert
H — Hersteller
PS — zulässiger Betriebsüberdruck in bar
V — maßgebliches Volumen in Liter

Module Anhang III PED 2014/68/EU

A — Interne Fertigungskontrolle
A2 — Interne Fertigungskontrolle mit Überwachung der Abnahme
B — EG-Entwurfsmuster 3.2
F — Prüfung der Produkte

Die deutsche Betriebssicherheitsverordnung verlangt bei Kesseln mit einem Druck x Volumen-Produkt größer 1000 wiederkehrende Prüfungen. Bei Dampfkesseln mit einem Druck x Volumen-Produkt größer 3000 ist darüber hinaus der Erlaubnisvorbehalt des Gewerbeaufsichtsamtes festgelegt.

Bei 50er-Kesseln der Kategorie I ist der Hersteller ganz alleine zuständig und verantwortlich. Bei der Kategorie II (200er Kessel) trifft dies ebenfalls zu, jedoch sind zusätzlich Fertigungssicherungsverfahren festgelegt.

Entwurfsberechnungen, Fertigungszeichnungen, Beschreibungen des Kessels und seiner Betriebsweise sowie Werkstoffangeben mit Prüfzeugnissen, und ggf. weiter Unterlagen müssen vorliegen. Sie müssen 10 Jahre nach Fertigung des letzten Kesselseiner Serie vorgehalten werden.

Übersicht Regelwerke Dampfkessel

Die EU hat im Jahre 1997 mit der **Richtlinie für Druckgeräte 97/23 EG** (PED 97/23 EG) eine neue rechtliche Grundlage für die Herstellung von Druckgeräten im Europäischen Raum geschaffen, die für alle EU-Länder verpflichtend ist und in nationale Regelungen umzusetzen war. In Deutschland sind inzwischen (ab 2002) die entsprechenden Vorschriften geschaffen worden, welche die früheren Regelungen ersetzen.

Folgende Regelwerke/Gesetze gelten im **EU Mitgliedsstaat Deutschland** für Dampfanlagen (**Überwachungsbedürftige Anlagen**):

- **Richtlinie über Druckgeräte PED 2014/68/EU** verbindlich anzuwenden ab 19.Juli 2016 ersetzt ab dem Zeitpunkt PED 97/23 EG

- **Betriebssicherheitsverordnung BetrSichV** Stand 01.06.2015 (Ersatz für Dampfkesselverordnung)

- **Produktsicherheitsgesetz ProdSG** Stand 01.12.2011 (Ersatz für Gewerbeordnung)

- **Druckgeräteverordnung** (14. ProdSV) Stand 01.12.2011

- **DIN EN 12953 Teil 1 bis 14** Großwasserraumkessel
- **DIN EN 14222** Großwasserraumkessel <u>aus Edelstahl</u>

Die **TRD** (Technischen Regeln für Dampfkessel) sind ab **01.01.2013 außer Kraft gesetzt** und finden **keine** Berücksichtigung mehr, obwohl man vereinzelt immer noch Hinweise darauf findet.

Die **Nachfolge** der **TRD** hat für **Großwasserraumkessel** die **DIN EN 12953 mit den Teilen 1 bis 14** übernommen. Analog zur TRD sind dort zulässige Werkstoffe, Berechnungen, Prüfungen usw. nach dem derzeit gültigen Stand vorgegeben.

Die Macher der Norm DIN EN 12953 haben vor allem **stationäre Anlagen**, die automatisiert betrieben werden, im Focus gehabt. Es geht dabei um Anlagen, die aus Flammrohr(en), Wendekammer und Rauchrohren in einem zylindrischen Grundkörper ähnlich einem Schiffskessel bestehen.

Lokomotivkessel (definiert als Großwasserraumkessel) sind bekanntermaßen anders zusammengesetzt und auf Eisenbahn-Fahrzeugen installiert – also beweglich. Dennoch liefert die DIN EN 12953 dafür grundlegende Vorgaben. Es ist das Regelwerk, das von Überwachungsstellen (ZÜS) für die Prüfung dieser befeuerten Druckgeräte zur Erzeugung von Dampf der Kategorien I bis IV herangezogen wird.

Abschließend muss erwähnt werden, dass mit **DIN EN 12952 Teile 1 bis 17** eine weitere Norm existiert. Sie gilt nur für **Wasserrohrkessel**! Es ist die Norm für Großanlagen in Kraftwerken und ist für Lokomotivkessel nicht relevant.

Heute bietet das Internet weitere vielfältige Möglichkeiten zur Recherche.

Allgemeines Gefahrenpotential Dampfkessel

In Betrieb befindliche Druckgeräte allgemein, und Dampfkessel besonders bergen in sich mehr oder weniger große Gefahrenpotentiale!

Es wirken
>	die Kräfte auf die Wandungen durch den Druck
>	die Temperatur

Wandungen die durch zu große Kräfte gefährdet sind, kennt jeder am einfachen Beispiel des Luftballons. Die Temperatur letztendlich entscheidet zusätzlich über die Auslegung von Wandungen, weil die Festigkeit der Werkstoffe bei höheren Temperaturen abnimmt.

Eine Besonderheit gerade des Lokomotivkessels, der ja als Großwasserraumkessel zu bezeichnen ist, wird durch folgende physikalischen Gegebenheiten hervorgerufen: Wasser kocht im Normalfall bei 100° C. Kesselwasser im Betrieb unter Druck kocht nach einem genau festliegenden Temperatur und Druckverhältnis. Kurz gesagt, je höher der Druck, um so höher die Temperatur bei der das Wasser kocht und verdampft.

Wenn 1 Liter Wasser im offenen Kochtopf vollständig verdampft wird, entweichen aus diesem Kochtopf 1750 Liter Dampf mit einem Druck, welcher der Umgebung entspricht (atmosphärisch). Um ausgehend von dieser Aussage eine Vorstellung für das damit verbundene Gefahrenpotential zu bekommen, nehmen wir als Beispiel 5 m^3 (5000 Liter) Kesselwasser. Es ergäbe im (großen offenen) Kochtopf 8750 m^3! Dampf. Auswirkung wäre eine Riesenwolke, von der aber - außer viel Hitze - keine Gefahr ausgeht.

Würden diese 5 m^3 Wasser z.B. unter einem Druck von 13 bar stehen, so ist darin eine große Energiemenge gespeichert. Wenn nun durch einen plötzlich auftretenden Defekt ein völliger Druckabfall vorkäme, so würde die Wärmeenergie in den 5 m^3 Wasser dieses schlagartig verdampfen. (Nachverdampfung) Es wäre eine richtige Dampfbombe. Und die über 8000 m^3 Dampf suchen sich brutal den Weg ins Freie. In unmittelbarer Nähe stehende Personen hätten kaum Chancen, lebend davon zu kommen.

Beim letzten großen Kesselzerknall einer Schnellzugdampflok der Baureihe 01 am 27. November 1977 in Bitterfeld riss durch Überhitzung wegen Wassermangel die Feuerbüchsdecke auf. Der Druck fiel schnell ab und es kam zu der gefürchteten Nachverdampfung. Die große Dampfmenge wirkte in der Havarieöffnung wie eine Raketendüse. Deren Schubkraft hob den gesamten schweren Lokomotivkessel vom Fahrwerk weg und schleuderte ihn durch die Luft. Lokpersonal und mehrere Reisende wurden getötet.

Es schadet nichts, wenn jeder der irgendwie mit Dampf etwas zu tun hat, sich dieses Beispiel hinter die Ohren schreibt. Um nun aber für den Bereich Dampfmodellbau wieder zu einem richtigen und zutreffenden Verständnis zu gelangen, muss das Gefahrenpotential realistisch betrachtet werden.

Das Vorschriftenwerk geht genau von dieser Tatsache aus. Aus der bisherigen Erfahrung hat man in der Druckgeräte-Richtlinie die Kessel in verschiedene Größenklassen eingeteilt, die hier als Kategorien bezeichnet werden. Die Kategorien ergeben sich durch die Multiplikation des Behältergesamtvolumens V in Liter mit dem Betriebsdruck PS in bar. Sie sind in einem Diagramm angegeben. Dies bedeutet, je größer ein Dampfkessel ausfällt, um so größer ist der geforderte Aufwand zur Beherrschung der Sicherheitsanforderungen.

Logischerweise wird man dagegen ein kleines Kesselchen nicht dem selben Prozedere unterziehen, wie z.B. den großen Kraftwerkskessel. Diese Tatsache kommt uns Modellbauern zu gute. Von den 4 Kategorien interessieren uns lediglich 2 ! Und mit diesen beiden Kategorien lässt sich der größte Teil unseres Modellbaues abdecken. Tatsächlich stehen uns Dampfmodellbauern alle Kategorien offen. Allerdings nehmen dann Aufwand und Kosten Formen an, die für den normalen Modellbauer nicht mehr interessant sind.

Die bisherige Gepflogenheit, Wandstärken bei unseren Kesseln relativ dick auszulegen, ist eine der wesentlichen Säule für den bisher unfallfreien Betrieb von Modelldampfkesseln. Wobei der großzügige Umgang mit Wandstärken eine andere Ursache hat: Besonders bei Gartenbahnlokomotiven kann der Kessel nicht schwer genug sein, um genügend Reibungsgewicht zu erlangen. Großzügige Wandstärkenauslegung ist gerade beim Stahlkessel gleichzeitig auch Zugabe von Korrosionszuschlag! Und dies verlängert entscheidend die Lebensdauer.

Wasserdampf-Tafel (Sättigungszustand)

Über- druck	abs. Druck	Tempe- ratur	spezif. Volumen Wasser	Dichte Wasser	spezif. Volumen Dampf	Dichte Dampf	Enthalpie Wasser	Enthalpie Dampf	Verdamp- fungs- wärme
pü	pa	ts	v'	r'	v''	r''	h'	h''	r
bar	bar	°C	m^3/kg	kg/m^3	m^3/kg	kg/m^3	kJ/kg	kJ/kg	kJ/kg
1,00	2,00	120,23	0,0010608	942,68	0,885	1,1290	504,70	2706,30	2201,60
2,00	3,00	133,54	0,0010735	931,53	0,606	1,6510	561,43	2724,70	2163,20
3,00	4,00	147,92	0,0010885	918,70	0,462	2,1630	604,67	2737,60	2133,00
4,00	5,00	151,84	0,0010969	915,08	0,375	2,6690	640,12	2747,50	2107,40
5,00	6,00	158,84	0,0011009	908,35	0,316	3,1700	670,42	2755,50	2085,00
6,00	7,00	164,96	0,0011082	902,36	0,273	3,6670	697,06	2762,00	2064,90
7,00	8,00	170,41	0,0011150	896,86	0,240	4,1620	720,94	2767,50	2046,50
8,00	9,00	175,36	0,0011213	891,82	0,215	4,6550	742,64	2772,10	2029,50
9,00	10,00	179,88	0,0011274	887,00	0,194	5,1470	762,61	2776,20	2013,60
10,00	11,00	184,07	0,0011331	882,53	0,175	5,6370	781,13	2779,70	1998,50
11,00	12,00	187,96	0,0011386	878,27	0,163	6,1270	798,43	2782,70	1984,30
12,00	13,00	191,61	0,0011438	874,28	0,151	6,6170	814,70	2785,40	1970,70

Angaben ohne Gewähr

Als wesentliche Größe dieser Tabelle kann die Temperatur des Wassers im Kessel unter dem entsprechenden Dampfdruck abgelesen werden. An der Höhe der Temperatur lässt sich in etwa der im Wasser gespeicherte Energieinhalt abschätzen. Ein völliger Druckabfall setzt augenblicklich diese Energie in Form von viel Dampf frei.

Müssen bei Modellkesseln Regelwerke für Dampfanlagen verbindlich angewendet und eingehalten werden?

Die aus der PED 97/23 EG hervorgehenden Deutschen Regelwerke verfolgen **2 Ziele:**

1. **Schutz der Arbeitnehmer** vor Gefahren von Arbeitsmitteln (z.B. Dampfanlagen)

2. **Schutz der Verbraucher** vor Gefahren der Produkte

Wesentlich ist, ob ein Kessel für den privaten Eigenbedarf im Eigenbau (**Selbstbauender Betreiber**) gefertigt wird, oder ob er im Rahmen einer wirtschaftlichen Unternehmung hergestellt und in Verkehr gebracht wird. In Verkehr bringen ist ein sehr wichtiger Begriff, und bezeichnet einfach ausgedrückt **jedes Überlassen** des Kessels an einen anderen.

Der Begriff Hersteller (Ersteller) bezeichnet jede natürliche oder juristische Person, die geschäftsmäßig ihren Namen, Marke oder ein anderes unterscheidungskräftiges Kennzeichen an einem Kessel anbringt und sich dadurch als Hersteller ausgibt. Als Hersteller gilt weiter, wer als sonstiger Inverkehrbringer Sicherheitseigenschaften eines Kessels beeinflusst.

Demnach bestehen bei befeuerten Druckgeräten zur Erzeugung von Dampf bei der Erstellung **2 Möglichkeiten:**

1.   Erstellung durch eine wirtschaftliche Unternehmung mit Inverkehrbringen. Hier sind **Regelwerke verbindlich!**

2.   Erstellung für eigene Zwecke ohne Überlassen an andere. Hier sind **Regelwerke nicht verbindlich!**

Punkt 1 bedarf keiner weiteren Erläuterung. Bei Punkt 2 dagegen sollte man in Deutschland nicht das Bürgerliche Gesetzbuch BGB mit dem § 823 (**Haftpflicht**) außer acht lassen, selbst wenn Risiken nieder angesetzt werden. Denn dieser Umstand zwingt **selbstbauende Betreiber** solchen Risiken ausreichend entgegen zu wirken!

Dies geschieht am besten durch Anwendung des **Modellkessel-Grundsatz Nr.1:**

„Der Betreiber eines Dampfkessels zum Betrieb von Gartenbahnlokomotiven oder anderen Dampfmodellen muss in der Lage sein, den Nachweis erbringen zu können, dass die nach dem Stand der Technik geltenden Sicherheitsanforderungen ausreichend berücksichtigt sind."

Wie kann man beweisen, dass Sicherheitsanforderungen erfüllt sind? Ein Metermaß zum abmessen wie viel Zentimeter Sicherheit ein Kessel aufweist, gibt es ja nicht. Doch hier schließt sich der Kreis, denn es gibt ja den im Regelwerk enthaltenen, und in Europa überall gültigen Maßstab der Druckgeräterichtlinie! Sie erlaubt den Vergleich des **Sicherheitsaspektes** und macht diesen damit wirklich **mess- und bewertbar!**

Festzustellen bleibt auch, dass die bis zum heutigen Tag zahlreich gebauten Modelldampfkessel durchweg mit dem mehr oder weniger vorhandenen Bewusstsein der möglichen Gefährdung gefertigt wurden. Unfälle schwerer Art im Zusammenhang mit diesen Kesseln sind bis jetzt nicht bekannt geworden und sicher auch nicht vorgekommen. **Deshalb sollen Gefahren keineswegs unnötig hoch gespielt werden.**

Besonderheiten wenn gesetzliche Vorschriften verbindlich bei Modelldampfkesseln anzuwenden sind:

Das Produktsicherheitsgesetz **ProdSG** ist für das **"Inverkehrbringen"** und Ausstellen technischer Arbeitsmittel, welches gewerbsmäßig oder selbständig im Rahmen einer wirtschaftlichen Unternehmung erfolgt" anzuwenden. Es gilt nicht für "Antiquitäten" und gebrauchte Anlagen, die allerdings vor der Inbetriebnahme einer Prüfung zu unterziehen sind. Diese Ausnahmeregelung entspricht der Handlungspraxis der überwachenden Stellen. Der Betreiber eines Kessels muss allerdings auch hier in der Lage sein nachzuweisen, dass die nach dem Stand der Technik gültigen Sicherheitsanforderungen berücksichtigt sind.

Das Produktsicherheitsgesetz verfolgt weiter das Ziel, den Anwender technischer Arbeitsmittel vor daraus herrührenden Gefahren zu schützen. Demnach ist primär an Arbeitnehmer oder auch an dritte, Unbeteiligte gedacht.

Haftpflicht nach BGB

Zu beachten ist dabei, dass das Regelwerk u.U. im Zusammenhang mit Haftpflichtversicherungen als "Messlatte" auch für nicht in Verkehr gebrachte Kessel von Bedeutung sein kann. In **Streitfällen** wird ggf. durch Vergleich mit dem Regelwerk festgestellt werden, ob die erforderliche Sorgfalt eingehalten wurde.

Insofern ist die Einhaltung des Grundsatz Nr. 1 nicht zu umgehen. Dabei bleibt nur die einzige Wahl, sich eben beim Bau und Betrieb von Dampfkesseln eng an das Regelwerk im gewerblichen Bereich anzulehnen.

Besonderheiten beim Kauf / Verkauf von Dampfmodellen oder Kesseln

Beim Verkauf von **neuen** Dampfmodellen (-lokomotiven) oder Dampfkesseln durch Firmen gilt das Regelwerk in vollem Umfang. Hersteller und Verkäufer unterliegen voll den gesetzlichen Vorschriften und sind dafür verantwortlich, dass die geforderten Regelungen eingehalten werden. Die Kessel müssen dementsprechend gekennzeichnet sein mit Angaben zum Hersteller, Seriennummer, Herstellungsjahr, PS (zul. Betriebsdruck) und dem CE-Zeichen. Der Hersteller ist verpflichtet, die geforderten Unterlagen zu Entwurf und Herstellung der Kessel für Prüfungen vorzuhalten.

Jeder Käufer ist gut beraten, darauf zu achten, dass diese Angaben vorhanden sind – insbesondere für einen späteren Wiederverkauf. Wenn man von einem Händler oder einem privaten Anbieter eine Dampflok oder einen Kessel erwirbt, die vor dem Inkrafttreten der oben genannten Vorschriften gebaut wurden, sollten zu dem Kaufobjekt möglichst auch Unterlagen übergeben werden, die Auskunft über Entwurf und Herstellung geben. Wenn dies bei älteren Objekten nicht mehr möglich ist, bleibt nur eine äussere Begutachtung mit einer Druckprüfung vor der Inbetriebnahme. Eine nützliche Unterlage kann ein Betriebsbuch mit Dokumentation durchgeführter Prüfungen sein.

Prüfung der Modelldampfkessel

Die angesprochenen Vorschriften übertragen die Verantwortung für Entwurf, Fertigung und Abnahme von Kesseln der Kategorie I und II (PS x V bis 200) dem Hersteller. Bei Kesseln ab Kategorie III (PS x V > 200) sind Prüfungen des Entwurfs und des Kessels vor der Inbetriebnahme durch eine ZÜS (z.B. TÜV)" vorgeschrieben.

Für uns Dampfmodellbauer lässt sich ableiten, dass die Verantwortung für gewerblich hergestellte Kessel der Kategorie I + II (PS x V bis 200) bezüglich Entwurf, Fertigung und Abnahme beim Ersteller liegt. Weil der Dampfmodellbau bis auf Ausnahmen im Rahmen der Kategorie I + II abläuft, würde der selbstbauende Betreiber ebenfalls nur dieser Erstellerverantwortung unterliegen. (siehe aber Punkt 1 in der Zusammenfassung) Bei Kesseln der Kategorie III wird im Modellbaubereich analog des gewerblichen Bereichs definitiv empfohlen, eine ZÜS einzuschalten.

Es war bisher Praxis bei den Dampfbahnvereinen, die Kessel regelmäßigen hydrostatischen Druckprüfungen (üblicherweise jährlich) zu unterziehen. Da die Betriebssicherheitsverordnung Wasserdruck-Prüfungen nur alle 9 Jahre fordert, empfiehlt der DBC-D neuerdings, besser regelmäßig – in Abhängigkeit der Einsatzhäufigkeit die Innenwandungen zu besichtigen. Warum? Belagbildung aus Kesselstein bedeutet Abzehrung und Materialschwächung. Ein belagarmer oder belagfreier Kessel dagegen ist ein sicherer Kessel!

Im Zeitalter erschwinglicher technischer Endoskope ist die Prüfung der Innenwandungen für den Modellbauer nicht mehr ausgeschlossen. Dabei geht es um die Feststellung möglicher Kesselsteinbeläge und deren rechtzeitige Entfernung. Anschließend ist auch die Beurteilung des Wandungszustandes möglich. Der Betreiber muss die Fristen in eigener Verantwortung festsetzen. Empfohlen wird eine Frist von 1 bis 4 Jahre. Das Ergebnis der Prüfung wird dokumentiert. Einen Vordruck für Kesseldruckprüfungen finden Sie im Anhang.

Zusammenfassung

Aus den vorstehend aufgeführten Sachverhalten können 3 konkrete Vorgehensweisen im Hinblick auf das Erstellen von Modelldampfkesseln entnommen werden:

1. Ein **gewerblich/wirtschaftlich ausgerichteter Kesselhersteller** mit Einzel- oder Serienprodukten **ist zur Anwendung der Vorschriften verpflichtet**. Kessel der Kategorie I können von ihm in eigener Verantwortung ohne Hinzuziehung des TÜV hergestellt und in Verkehr gebracht werden. Bei Kesseln der Kategorie II muss der Hersteller eine ZÜS hinzuziehen. Diese überwacht durch Stichproben, dass der Hersteller die Abnahme tatsächlich durchführt.

   Bei Kesseln der Kategorie III muss das Konformitätsbewertungsverfahren unter Einbeziehung der ZÜS ausgeführt werden.

2. **Privat ablaufender Kesselbau** als Einzelstück ohne Weitergabe (Inverkehrbringen) zur Nutzung ausschließlich im eigenen Dampfmodell.

2.1 **Kessel Kategorie I und II**: Hier ist die **Anwendung des Regelwerkes freigestellt.** Besonders jedoch bei größeren Objekten (PS x V = 51 bis 200) ist die enge Orientierung an das Regelwerk sehr zu empfehlen.

Außerdem muss als grundlegende Voraussetzung die Kompetenz und die Beherrschung der fachgerechten Ausführung bei der Erstellung eines Druckgerätes gegeben sein.

2.2 **Kessel Kategorie III:** Selbst wenn in diesem Fall die Anwendung des Regelwerkes nicht ausdrücklich gefordert wird, so sollte aus sicherheitstechnischen Erwägungen heraus doch das Konformitätsbewertungsverfahren unter Einbeziehung der ZÜS angewendet werden.

Das Vorliegen einer „wasserdichten" Prüfung mit erschöpfender Dokumentation ist Grundlage zur Erfüllung der Sorgfaltspflicht des Betreibers. Außerdem erleichtert dies bei Erfordernis versicherungstechnischen Angelegenheiten.

Privater Kesselbau für das eigene Modell

Wie kann auch bei der rein privaten Kesselerstellung Grundsatz Nr. 1 des Dampfmodellbauers erfüllt werden, nämlich der Nachweis ausreichender Berücksichtigung des Sicherheitsaspektes?

Vorschriften als Leitlinie

Die Möglichkeit besteht darin, **angelehnt** an die Vorschriften eigenverantwortlich Entwurf, Planung, Bau und Abnahme durchzuführen und zu dokumentieren. Gerade die **Dokumentation** ist bei einem derartigen Selbstbau das **wichtigste Element** an dem kein Weg vorbeiführt. Es ist darauf hinzuweisen, dass Abnahmeprüfungen nicht alleine durchgeführt werden sollten. Ein sachkundiger Zeuge, der auch die Dokumente gegenzeichnet, wird empfohlen.

Zur eindeutigen Definition bedarf der Begriff Erstellung einer zusätzlichen Erklärung. Erstellung bedeutet das Durchführen des Gesamtprojektes Bau des Druckgerätes Dampfkessel. Unabhängig von der Anwendung irgendwelcher Vorschriften lässt sich eine Erstellung in einzelne Bereiche unterteilen. Dabei gibt es die 4 Hauptbereiche:

- Entwurf, Planung, Konstruktion, Berechnung

- Beschaffung Werkstoffe

- Fertigung, Teilbauprüfung

- Abnahmeprüfung

Es braucht eigentlich nicht besonders erwähnt zu werden, dass sich die Erstellung auch eines Modellkessels zu aller erst an den Regeln der Technik orientiert. Darüber hinaus kennen wir nun die Regelwerke. Wie erwähnt, liegt ja darin die Messlatte der Sicherheit eingebettet. Deren Ziel ist das sichere Arbeiten mit und an Dampfanlagen. Dieser Anspruch trifft auch bei einem Modellkessel zu. Deswegen werden diese 4 Bereiche nach „Maßgabe" der Richtlinie 2014/68/EU, die hier als Leitlinie dient, ausgeführt!

Das Erreichen bzw. Einhalten der dort festgelegten Größen und Sachverhalte muss tatsächlich vorliegen und dokumentiert sein. Damit liegen neben dem Produkt Druckgerät **schriftliche Unterlagen** vor, mit denen der **Beweis der Einhaltung der Regeln der Technik und des Sicherheitsaspektes** erbracht werden kann.

Entwurf, Planung, Konstruktion, Berechnung

Am Anfang steht meist ein bekanntes klassisches Modell, manchmal sind sogar Zeichnungen des Kessels in alten Plänen vorhanden. Besonders bei historischen Plänen von Modelldampfkesseln ist Vorsicht geboten. Einige der kreativen Gründer der deutschen Echtdampfszene haben zwar viele und auch schöne Pläne gezeichnet, aber nur wenig davon selbst gebaut und noch weniger Erfahrungen aus dem Bau in die Zeichnungen einfließen lassen. Die Folge ist, dass über Jahrzehnte die gleichen Fehler immer wiederholt werden, mit entsprechend geringer Lebensdauer des Bauwerks.

Wir wissen heute, wo unsere Kessel altern und versagen. Die höchste Beanspruchung ist dort, wo hohe Temperaturen herrschen. Das ist im Bereich Feuerbüchswände, besonders der Rohrwand und in den Rauchrohren im ersten Drittel ihrer Länge. Schwachpunkt sind dabei die in ihrer Wandung dünner gehaltenen Rauchrohre.

Wandstärken der Feuerbüchswände oder der Rauchrohre können aber nicht beliebig dick ausgeführt werden. Gute Werte für Wände sind bei 5 Zoll-Modellen 4 – 6 mm, bei 7¼ Zoll 6 – 8 mm. Rohre sind mit 1,5 – 4 mm Wandstärke gut dimensioniert. Jedoch versagen sie mit ihren geringeren Wandstärken meist vor den Feuerbüchswänden!

Bei Außenwandungen verwendet man sinnvoller Weise gleiche Materialstärken. Also Langkessel und Stehkesselwände in etwa gleicher Dicke, denn Schweißnähte bei unterschiedlichen Materialstärken sind aufwändiger. Mit Blick der Beschaffung ist eine Blechdicke sinnvoll. Rohre müssen dabei fast immer als „Starkwandrohre" gewählt werden.

Der Abstand zwischen Wänden sollte einen Wert von 15 mm nirgendwo unterschreiten, um eine ausreichende Zirkulation des Wassers nicht zu behindern. Außerdem sollte sich der Wasserraum nach oben hin erweitern, um den Wasserdampfblasen Raum zum Aufsteigen zu geben. Die Konsequenz ist natürlich, dass bei kleinen Modellen nur ein winziger Feuerraum übrig bleibt. Die Kompromisse die hier gemacht werden, kosten dann unweigerlich Lebensdauer.

Stehbolzen

Ein häufiger Fehler, der immer wieder vorkommt ist der gedankenlose Nachbau einer Konstruktion eines Kupferkessels in Stahl. Insbesondere das „Zunähen" des Stehkessels mit maßstäblich verkleinerten Stehbolzen verhindert die Entfernung von Kesselstein und verkürzt die Lebensdauer. Da wir die Physik nicht verkleinern können, ist die Orientierung beim Vorbild sinnvoll.

Z.B werden am richtigen Kessel der BR 89 001 bei 14 Bar Betriebsdruck und 10 mm Wandstärke Feldteilungen von 85 mm verwendet. Dabei kommen Stehbolzen von 20 mm Stärke zum Einsatz, die allerdings 6 mm hohlgebohrt sind. Das entspricht einer wirksamen Dicke der Stehbolzen von 14 mm. Wenn man diese Werte auf die bei uns üblichen 8 bar Betriebsdruck umrechnet, so kommt man bei der gleichen Materialbelastung auf eine Stärke der Stehbolzen von 8 mm und eine Wandstärke von 6 mm bei gleicher Feldteilung von 85 mm !!!

Rostkonstruktion

Die Kesselkonstruktion und die des Rostes gehören zusammen. Bastellösungen, bei denen der Rost mühsam durch eine viel zu kleine Feuertür herausgefummelt werden muss, sind schlecht. Im Notfall muss das Feuer mit einem Handgriff gezogen werden können. Dazu muss sich der Rost nach hinten leicht entnehmen lassen. Auch wenn er rotglühend ist und sich erheblich verformt hat. Das geht nur, wenn er mindestens 8 mm stark ist. Den Raum dafür muss man bei der Kesselplanung direkt mit vorsehen. Es ist außerdem ein Seitenspiel von mindestens 4 mm und Höhenspiel von 3 mm notwendig. Wenn der Raum hinter dem Kessel die freie Entnahme des Rostes behindert, hilft es, ihn eventuell zu teilen.

Die **Feuerbüchse** braucht Deckenanker, die mit der Stehkessel-Oberseite verbunden sind. Ausführungen bei denen der Bodenring alleine allen Druck, der auf die Feuerbüchse wirkt, aufnimmt strapazieren den Bodenring stark und sind zu vermeiden!

Ausreichend große **Waschluken** müssen vorgesehen werden. M 10 ist viel zu klein, da sieht man gar nichts. G 3/8" oder M 16 x 1,5 ist schon besser, bei G 1/2" oder M 20 x 1,5 kann man leicht hereinschauen. Und da geht auch das Endoskop gut rein.

Eingeschweißte Rauchrohre machen eine Kesselrevision schwierig. Mit größerer Wanddicke für lange Lebensdauer trotzdem realisierbar.

Eingewalzte Rauchrohre benötigen dickere Rohrwände, mindestens 10 bis 12 mm. Das erspart dann auch die Zuganker, die in einigen Konstruktionen die Rohrwände gegeneinander verankern. Wenn man einmal in eine kommerzielle Rohrwalze zum Einwalzen der Rohre (egal ob Stahl, Edelstahl oder Kupfer) investiert hat, gibt es damit keine Schwierigkeiten mehr.

In dem Fall müssen die Bohrungen für die Rauchrohre in der Rauchkammerrohrwand 5% größer sein als in der Feuerbüchsrohrwand. Dieser Unterschied ist für eine einfache Kesselrevision notwendig, um die korrodierten Rohre entfernen zu können. Beim Einwalzen wird das Rohr von der Rohrwalze auf den nötigen Durchmesser gebracht. Die Bohrungen in den Rohrwänden müssen gerieben sein! Also weder gebohrt noch gelasert! Nur so wird eine zuverlässige Abdichtung beim Einwalzen der Rohre erreicht.

Wichtig ist schon eine genaue Kontrolle der Zeichnung, nämlich ob die Reglerwelle hineinpasst, waagerecht liegt, und sich auch drehen lässt, ohne mit den Rauchrohren zu kollidieren. Besonders die Exzenter am Ende der Welle beachten!

Als **Regler** sind Ausführungen bekannter Konstrukteure aufwändig. Seit der Verfügbarkeit kleiner Kugelhähne aus Edelstahl und Teflon muss es keine schwergängigen und undichten Regler mehr geben. Dabei reicht ein freier Durchlass von 5 mm für Zylinder bis 45 mm Ø, darüber nicht mehr als 7 mm.

Flachdichtungen, womöglich noch aus Papier, haben am Kessel nichts zu suchen. Es gibt bereits seit vielen Jahrzehnten O-Ringe, die jederzeit wieder montierbar sind. Alle **Gewinde** am Kessel möglichst mit **Teflonband** abdichten, das verhindert Kontaktkorrosion und ist auch noch nach Jahrzehnten demontierbar.

Die Zeichnung des Kessels sollte mit einem Sachkundigen durchgesprochen werden.

Berechnung

Für die Berechnung der erforderlichen Dicke von Kesselwandungen wird auf **DIN EN 12953 Teil 3** verwiesen. Dabei sind für unsere Modellkessel 2 Bereiche von Interesse:

- **Zylinderschalen unter innerem Überdruck** (aus nahtlosem Rohr gebildeter Langkessel)

- **Ebene, mit Stehbolzen verankerten Wandungen**.

Für beide Fälle gibt es Formeln, die entsprechend den Dimensionen und den Werten des Werkstoffes, notwendige Materialstärken hervorbringen. Bei ebenen Wandungen erhält man die Kontrolle, dass ein paar wenige Stehbolzen (durch entsprechende Feldteilung der Wandungsfläche) völlig ausreichen. Hinzu kommen Zuschläge für Rost, Ungleichheit Wanddicke bei Rohren und der Sicherheitsbeiwert.

Bei Kesselchen der Kategorie I braucht sich der Modellbauer dann nicht mit der Kesselberechnung zu befassen, wenn er mindestens 5 mm Wandstärke bei 8 bar Betriebsdruck vorsieht. Bei einem großen Kategorie II–Kessel jedoch, sollte eine Kontrollrechnung der beiden Bereiche erfolgen.

Werkstoffbelastung (zulässige Spannung in N/mm^2 oder neuerdings MPa)

Im Betrieb

Bei Dampfkesseln darf der Baustoff **mit maximal 66% der Dehngrenze** (0,2-Streckgrenze) belastet werden. Deshalb der **Sicherheitsbeiwert 1,5** in der Berechnung! Maßgeblich ist dabei die Betriebstemperatur. Gegenüber der Raumtemperatur ist deren Dehngrenze natürlich geringer. Nachzulesen in den Werkstoffdatenblättern der Hersteller.

Beispiel: Der Kesselstahl **P265GH** besitzt bei 20° C eine Dehngrenze von 265 N/mm^2, bei 250° C dagegen nur noch 188 N/mm^2! Vermindert um den Sicherheitsbeiwert 1,5 beträgt die **zul. Spannung** von P265GH im Betrieb mit 250° C demnach **124 N/mm^2**!

Bei Prüfüberdruck

Der Prüfüberdruck darf die Werkstoffbelastung von **max. 95% der Kaltdehngrenze** nicht überschreiten, um einerseits realitätsnahe Belastungsverhältnisse zu erreichen. Andererseits um **bleibende Verformungen auszuschließen!** Der maßgebende Prüfüberdruck orientiert sich definitiv am schwächsten Bauteil des betreffenden Druckgerätes. **Am besten nachrechnen!** Neueste Vorgabe für die Prüfdruckermittlung berücksichtigt auch die Betriebstemperatur. Die Rechnung lautet: Zulässiger Betriebsdruck PS mal 1,25 und mal Verhältnis Kaltdehngrenze zu Warmdehngrenze (Warmdehngrenze ohne Sicherheitsbeiwert). Beispiel:

Bauteil 1   **PS = 7 bar** x 1,25 x **265**/188   = 7 x 1,25 x 1,41   = **12,3 bar** Prüfüberdruck!
Bauteil 2   **PS = 7 bar** x 1,25 x **235**/182   = 7 x 1,25 x 1,29   = **11,3 bar** Prüfüberdruck!

Der **Prüfüberdruck** des aus den Bauteilen 1 + 2 bestehenden Druckgerätes darf dann nur **11,3 bar** betragen.
Prüfüberdruck bei kleinen, insbesondere bei Kupferkesseln nicht mehr als 50 %, über Betriebsdruck! **Zu hohe Prüfüberdrücke bringen keinen Gewinn an Sicherheit und können sonst den Kessel irreparabel schädigen.**

Bei der Konstruktion muss das „**Druck - Volumen - Produkt**" **ermittelt und beachtet** werden. Bei Überschreitung des Wertes 200 landet man in der Kategorie III mit ZÜS und allem Pi Pa Po... **Obergrenze der Kategorie III ist 3000!** Aber Vorsicht, die Betriebssicherheitsverordnung schreibt bei PS x V größer 1000 wiederkehrende Prüfung vor.

Empfehlung: Modellbau endet bei PS x V mit max.1000!

Bei der Überlegung, ob der geplante Kessel in die Kategorie II oder III fällt sollte klar sein, dass Kategorie III mit Abnahme durch ZÜS viel mehr Aufwand erfordert. Wenn man von einem Betriebsdruck von 8 bar ausgeht, darf man ein Kesselvolumen von max. 25 Liter haben, ehe die Abnahmeprüfung durch die ZÜS notwendig wird. 25 Liter können aber selbst für eine große Feldbahnlok ausreichend sein, wenn der Kessel richtig konstruiert ist.

Seit etwa 100 Jahren ist beim Vorbild bekannt, dass der Grossteil der Dampferzeugung im Bereich der Feuerbüchse stattfindet, während der Langkessel mit seinen Rauchrohren nur zum kleineren Teil Dampf erzeugt. Für unsere Modelle gilt das in noch viel größerem Maße, da wir durch unsere dünnen Rauchrohre eine ungleich kleinere Rohrheizfläche haben. Während das Verhältnis der Strahlungsheizfläche zur Rohrheizfläche beim Vorbild mit der Zeit auf Werte von 1 : 7 gesenkt wurde, erreichen unsere Modellkessel häufig nur einen Verhältnis von 1:2.

Da die Strahlungsheizfläche der Feuerbüchse etwa 7 mal effektiver als die Rohrheizfläche ist, findet die Dampferzeugung bei uns folglich fast ausschließlich im Bereich der Feuerbüchse statt. Wollen wir nun eine große Lok antreiben, dann brauchen wir eine größere Feuerbüchse, vielleicht sogar mit Verbrennungskammer aber keinen langen Rohrkessel. Der vorbildgerechte Nachbau sollte nicht dazu führen, die Fehler des Vorbildes zu wiederholen.

Bei einem Kessel wie z.B. dem im Beispiel 3 der Referenzkessel, kann die Rauchkammerrohrwand problemlos ein ganzes Stück in Richtung Feuerbüchse versetzt eingebaut werden, ohne die Verdampfungsleistung wesentlich zu verändern. Das Gesamtvolumen des Kessels wird dabei erheblich verkleinert, die Rauchkammer erheblich vergrößert, da der Grossteil des Volumens vom Langkessel gebildet wird. Im Falle von Beispiel 3 trägt der Stehkessel mit 10 Litern und der Langkessel mit 33 Litern zum Wasserinhalt bei.

Wird die Rauchkammer-Rohrwand nur um 400 mm Richtung Feuerbüchse versetzt eingebaut, fällt der Kessel in Kategorie II, <u>ohne an Leistung zu verlieren</u>. Der finanzielle und organisatorische Aufwand bleibt viel kleiner.

Diese Punkte sollten bei privatem Kesselbau erfüllt werden:

- Anordnung der Schweißnähte wie im Kapitel ,,Beispiele"

- Auswahl der Werkstoffe konform mit Regelwerk

- Beschreibung des Druckgerätes erstellen

- schriftliche Darstellung der Betriebsweise

- schriftliche Sicherheitshinweise erstellen

- Betriebsanleitung erstellen

Nach der Erstellung und Abnahme des Druckgerätes verfügt der Betreiber über folgende Unterlagen:

- **Zeichnungen** mit Maßen, aus der die Konstruktion eindeutig hervorgeht

- **Werkstoffnachweise** (Abnahmeprüfzeugnisse, Umstempelungsbescheinigungen, Rechnungen)

- **Abnahmeprotokolle** über Bauprüfung, Wasserdruckprüfung, Schweißerzertifikate

- **Beschreibung** mit Darstellung der Betriebsweise

- **Betriebsanleitung**

- **Sicherheitshinweise**

Werkstoffe

Grundregeln und Ratschläge

Es gilt, dass auch für Modellkessel – egal ob Regelwerke anzuwenden sind oder nicht, keine anderen Werkstoffe verwendet werden, wie vorgeschrieben! Demnach ist z.B. ein schönes, jedoch unbekanntes Blech vom Schrott für ein derartiges Vorhaben absolut tabu! Warum?

Werkstoffe, die durch die Zugabe von Schwefel auf gute Umformbarkeit oder auf guten Spanbruch hinlegiert wurden, verspröden. Beispiel St37K oder Werkstoff-Nr. 1.4305! Wir benötigen Stähle die zäh sind, die notfalls Verformungen zulassen, ohne zu reißen. Eine Tafelschere, die ein 8er Blech in S235JR (R-St37-2) normalerweise spielend schneidet kann durchaus bei einem P265GH-Blech mit der gleichen Dicke und Schnittbreite im Schnitt stecken bleiben. Der Werkstoff ist zäh und bietet dem Riss, der ja letztendlich aus dem Schnitt hervorgehen soll, erheblich mehr Widerstand.

Ein Blechstreifen aus S235JR mit einem Blechstreifen aus P265GH-Blech in einer Biegeprobe verglichen, wird eher Risse zeigen. Bei einer einfachen Biegeprobe wird ein Blechstreifen in den Schraubstock gespannt und mit dem Hammer um 180 Grad umgebogen. Man erwartet schon beim Lesen der Zeilen, dass die Außenseite Risse zeigt und das nicht nur auf der Zunderschicht. Und Risse haben im Kesselbau natürlich gar nichts zu suchen.

Damit sind wir schon beim wichtigen Thema der Umformung angekommen. Wir formen zwar gelegentlich auch im Dampfkesselbau um, aber wir tun es - wenn es nötig ist - mit geringen Umformgraden. Das soll heißen, dass wir scharfe Abkantungen tunlichst vermeiden. Jede Umformung ergibt eine Kaltverfestigung. Eine Kaltverfestigung bedeutet Spannung, und davon bekommen wir später beim Schweißen sowieso noch genug.

Wer sich unter einer Kaltverfestigung nichts vorstellen kann, der nehme sich ein Kupferrohr von - sagen wir - 4 bis 6 mm Durchmesser, und biege es erst hin und dann wieder zurück. Hat das geklappt, wird man spätestens bei der Wiederholung des Vorganges feststellen, dass nun erheblich mehr Kraft zum Biegen benötigt wird. Bei Kupfer kann man durch glühen und abschrecken in Wasser die Spannung nahezu komplett abbauen.

Einen Stahl-Kesselwerkstoff schreckt man aber niemals in Wasser ab!! Wenn das Kesselbauteil durch Spannungen bereits belastet ist, kann das dazu führen, dass es sich unter der Betriebslast verformt, weil die zusätzliche Spannung ausreicht um aus dem Bereich der elastischen Verformung in den plastischen zu gelangen. Bei unseren zähen Werkstoffen hätte ich da allerdings wenig Bedenken. Wenn es wirklich eine Kantung von mehr als 30 Grad sein muss, sollte man die Biegekante für den Biegevorgang erwärmen. Erwärmen, aber nicht ausglühen!!

Vorgaben Kesselwerkstoffe

Die zulässigen Werkstoffe (rostend) für befeuerte Druckgeräte findet man in DIN EN 12953 Teil 2 Tab. 1 aufgelistet. Edelstähle sind dagegen in DIN EN 14222 genannt.

Ausgangsmaterial sind **Bleche, Rohre und Formstahl** (Stabmaterial, Schmiedestücke).

Werkstoffe sind beim Lieferanten mit APZ 3.1 (Abnahme- und Prüfzeugnis nach EN 10204) zu verlangen, wobei Schmelzen-Nr., Chargen-Nr., Analyse und Zugversuch dokumentiert sind. Rohre unter 30 mm Durchmesser benötigen in der Regel keinen solchen Nachweis. Bei uns sind diese kleinen Abmessungen nur als Siederohr eingesetzt, also unter Aussendruck.

Mögliche Werkstoffe für <u>**normale Stahlkessel**</u> **(rostend)**

Auszug DIN EN 12952 Teil 2 Tab. 1

1. **Rohre** (nahtlos) für Langkessel, Dom, Feuerloch, Siederohre usw.

   P235GH Werkstoff-Nr.**1.0345** (alt St 35.8)

2. **Bleche** für ebene Wandungen wie Stehkesselwände, Feuerbüchse usw.

   P265GH Werkstoff-Nr. **1.0425** (alt HII Blech)

3. **Walzstäbe** rund für Stehbolzen, Stutzen usw.

   P250GH Werkstoff-Nr. **1.0460** (alt C 22.8), **P265GH** Werkstoff-Nr. **1.0425** (evtl. aus Plattenmaterial selbst herstellen).

Bei kleinen Kesseln der Kategorie I könnte man beim Langkessel für P235TR1 Werkstoff-Nr. 1.0254 (alt St 37.0) ein Auge zudrücken, für Stehbolzen aus S235 JR (R-St37.2) dagegen nicht.

Mögliche Werkstoffe für <u>**rostfreie Stahlkessel**</u>

Auszug DIN EN 14222

1. **Rohre, Bleche, Formteile**
   Werkstoff-Nr. 4571 (V4A)

Mögliche Werkstoffe für <u>**Kessel aus Nichteisenmetallen**</u> **(Kupfer, Bronze)**

Achtung: Nichteisenmetalle im Selbstbau auf Kategorie I beschränken!

1. Rohre, Bleche, Formteile
   Cu-DHP (entsprechend DIN EN 1653 für Druckbehälter)

2. Nippel, Stutzen
   CuSn6 (CW 452K)

Kennzeichnung der wichtigsten drucktragenden Teile

Aus Gründen der **Rückverfolgbarkeit** müssen die wichtigen Teile gekennzeichnet sein. Wenn ein APZ 3.1 gefordert ist, muss der Hersteller oder Lieferant diese Kennzeichnung des Teils vornehmen. Er muss dazu ggf. auch Kennzeichnungen nach dem Trennen (Rohre nach dem sägen, Blechteile nach dem auslasern) übertragen (**Umstempelung**) und dies bescheinigen.

Beschaffung von Werkstoffen:

Die Veränderungen der letzten Jahrzehnte sind weder an uns, noch an der Herstellung von Dampfkesseln vorüber gegangen. Techniken, die vor 25 Jahren völlig Utopisch erschienen, sind heute für jeden Modellbauer frei verfügbar.

Bei der Materialbeschaffung ist das Internet und die Computertechnik mittlerweile eine unverzichtbare Hilfe. Der früher im Modellbau kaum zu erfüllende Anspruch eines lückenlosen Herkunfts- und Werkstoffnachweises des Baumaterials ist heute kein Problem mehr.

Rohre sind mittlerweile im zentimetergenauen Zuschnitt mit den notwendigen Herkunftszertifikaten sogar im Versand erhältlich. Beispielhaft sind einige Anbieter im Anhang aufgeführt. Die Außendurchmesser sind gestaffelt und genormt. Jedem Außendurchmesser ist eine Normalwanddicke zugewiesen. Darüber hinaus gibt es bei allen Durchmessern auch dickere und dünnere Wandungen. Die Tabellen der Hersteller und Lieferanten geben Auskunft, was lieferbar wäre. Vor der Detailplanung ist aber eine Rücksprache mit dem Händler hilfreich, was er zu beschaffen im Stande ist. Meist sind unsere Sonderwünsche aber kein Problem mehr, wenn man Händler wählt, die die Abgabe von Einzelstücken gewohnt sind.

Bei **Blechen** hat sich der größte Wandel vollzogen. Kam früher der Verarbeiter (Apparate- und Behälterbau) als einzige Quelle für unsere Kleinmengen in Betracht, so hat diese Aufgabe heute der Stahlhandel mit den großen Laser- und Wasserstrahlzuschnitt-Zentren übernommen. Jedes einzelne Blech ist millimetergenau Zugeschnitten mit allen Werkstoffnachweisen innerhalb weniger Tage lieferbar. Die dazu erforderlichen DXF-Dateien erstellt man am besten selbst mit einem geeigneten CAD-Programm und schickt diese per e-Mail an den Schneidebetrieb. Dabei ist es auch hier sinnvoll vor der Auftragsvergabe Rücksprache über die lagermäßig lieferbaren Materialstärken zu halten.

Für die Stempelung der Bleche ist beim Zeichnen der Dateien die Zuordnung der Innen- und Außenseite wichtig. Selbst Bleche mit gleichen Maßen, wie Seitenteile des Stehkessel müssen natürlich in spiegelbildlicher Zeichnung in Auftrag gegeben werden.

Die früher notwendigen mühsamen Methoden, eine ganze Tafel Kesselblech mit dem Trennschleifer oder der Säge zuzuschneiden und den ganzen Vorgang fotografisch zu dokumentieren, ist heute überflüssig. Auch die Einschaltung eines stempelberechtigten Betriebes, dem ein Papierplan vorgelegt wird, der als Zuschneidplan dient und der als Markierung für die Stempel verwendet wird ist heute nur noch in Ausnahmefällen nötig.

Formstahl, als Rundstahl für Stehbolzen, Stutzen, Waschluken ist bei den gleichen Händlern, die auch Rohre liefern, zu bekommen. Neuerdings ist für uns nach DIN EN 12953 Teil 2 nur noch der Werkstoff **P250GH** (Werkstoff-Nr. **1.0460**) empfohlen. Zwar ist in der Norm P245GH genannt. Qualitativ ist aber unbedingt auf P250GH zurückzugreifen, weil diese Sorte mit Aluminium vollberuhigt vergossen wird und alterungsbeständiger ist. Darauf weist auch das VdTÜV-Werkstoffdatenblatt 350/3 hin. **Tipp:** Es lassen sich aber auch unsere **kleinen Mengen aus Blech P265GH** ausschneiden und auf der Drehmaschine zu Stehbolzen, Stutzen usw. weiterverarbeiten.

Für **drucktragende Werkstoffe** ist nach DIN EN 12953 Teil 2 ein APZ 3.1 nach EN 10204 erforderlich. Alle Zeugnisse und Bescheinigungen werden in einem Ordner gesammelt. Sie werden Bestandteil der Kesselunterlagen.

Der Kupfer-Dampfkessel; am Beispiel eines Dampftraktors

Der Dampfkessel von Dampfzugmaschinen ist nicht nur das wichtigste, sondern auch das am schwierigsten zu bauende Teil. Fangen wir also unsere Maschine mit dem Bau des Kessels an, denn ohne ihn geht es nicht. Wir könnten sonst nur Teile für die Schublade anfertigen - und wer möchte nicht gerne sehen, wie sein Modell wächst? Im Lokomotivbau kann man natürlich vorher das Fahrwerk fertig stellen, weil der Kessel kein tragendes Teil ist.

Der Dampfkessel wird komplett aus Kupfer (**Cu-DHP DIN EN 1653**) hergestellt. Verwenden Sie kein anderes Material - das gibt nur Ärger und Verdruss. Also auf keinen Fall Messing, Stahl oder Nirosta (rostfreier Stahl). Bei verschiedenen Nippeln steht auf der Zeichnung "bronce", verwenden kann man Zinn-Bronze CuSn6 (Mat.Nr. 2.1020). Aber man mache mit jedem Metall, das an den Kessel kommen soll, eine Lötprobe! Ein Abfallstück Kupfer und ein Stück der vorgesehenen Bronze mit Silberlot zusammenlöten.

Der Dampfkessel der Allchin "Royal Chester" ist prinzipiell ein Lokomotivkessel der Bauart Crampton. Wer es nicht weiß, diese Kessel haben eine runde Stehkesseldecke, die der Kontur des Langkessels folgt. Aber im Gegensatz zu einer Lokomotive, bei der der Dampfkessel über seine ganze Länge auf dem gefederten Fahrgestell aufliegt und außer dem Dampfdruck sonst keine Kräfte aufzunehmen hat, ist der Kessel einer Dampfzugmaschine gleichzeitig das Fahrgestell. Er hat also nicht nur den Dampfdruck, sondern auch noch Zugkräfte, Verwindungen und Durchbiegungen auszuhalten. Nicht zu vergessen die hin- und hergehenden Kräfte des Triebwerkes.

Aus all diesen Gründen bauen wir den Kessel wesentlich stabiler als einen vergleichbaren Lokomotivkessel. Den Langkessel fertigen wir aus nahtlosem Kupferrohr, mit 95 mm Ø und 2,5 mm Wandstärke. Alle ebenen Wände können aus Kupferblech, 2,5 mm dick, hergestellt werden. In der Zeichnung ist für die Stehkesselrückwand und die Rauchkammerrohrwand eine Blechdicke von 3 mm angegeben. Von der Festigkeit her ist diese Materialstärke nicht erforderlich, doch wenn fertig geformte Kupferbleche - die lieferbar sind, verwendet werden, dann haben die Teile diese Dicke.

Zum Bördeln der Stehkesselvorder- und Rückwand und der Feuerbüchsrohr- und Rückwand fertigen wir uns Stahlplatten, 10 bis 12 mm dick, mit dem Innenmaß der zu fertigenden Wände und dem entsprechenden Radius an den Kanten. Gleichzeitig machen wir noch aus Hartholz oder Polyamid gleichgroße Stücke, die beim Bördeln zum Gegenspannen gebraucht werden. Die zu bördelnden Kupferbleche schneidet man mit Materialzugabe zu, erhitzt sie bis zur Rotglut und schreckt sie im Wasser ab. Dadurch werden die Bleche ganz weich und lassen sich über die Matrizen treiben. Sie werden die Bleche drei bis vier Mal ausglühen müssen, und zwar immer dann, wenn durch das Kaltumformen das Material wieder hart geworden ist. Vermeiden Sie direkte Hammerschläge auf das weiche Kupferblech. Es ist besser, ein Stück glattes Hartholz als Zwischenlage zu benutzen.

Nach dem Bördeln werden die Bleche angerissen und auf Fertigmaß bearbeitet. Die Löcher für die 18 Rauchrohre Ø 10 x 1 mm können gebohrt und das Loch für den Feuerlochring herausgearbeitet werden. Die Stehbolzenlöcher dagegen können wir erst im Zusammenbau bohren. Für die Rauchkammerrohrwand fertigen wir eine Matrize aus Rundstahl. Den gebördelten Boden überdrehen wir auf der Drehbank und bohren die 18 Löcher für die Rauchrohre mit ca. 0,05 bis 0,1 mm Übermaß für den Lötspalt. Es empfiehlt sich, die Löcher für die Rauchrohre erst vorzubohren und mit der Reibahle auf Fertigmaß zu bringen. Bohrwasser oder Schneidöl verwenden - Kupfer lässt sich trocken nicht bearbeiten!

Wenn alle Einzelteile der Zeichnung entsprechend aus Kupfer hergestellt sind, bauen wir den Dampfkessel probeweise mit einigen Schrauben M 2,5 zusammen. Die Schrauben werden vor dem Löten durch Kupfernieten ersetzt und die halten dann die Einzelteile in der richtigen Lage zusammen.

Zusammengebaut wird der Dampfkessel in der folgenden Reihenfolge, wobei alle Lötstellen vor der Montage mit einem Langzeitflussmittel (z.B. Fontargen F300) bestrichen werden müssen:

1. Das Langkesselrohr mit den inneren Verstärkungsblechen und die Muffe werden mit dem Stehkesselmantel und der Stehkesselvorderwand mittels L-Ag 30, L-Ag 20 Cd oder L-Ag 2 P verlötet. Das Lot muss als Erstlot eine Arbeitstemperatur von über 750° C haben.

2. Die Feuerbüchse, die Deckenanker und die Rauchrohre werden ebenfalls mit L-Ag 30, L-Ag 20 Cd oder L-Ag 2 P zusammengelötet. Den Feuerlochring löten wir dabei mit fest. Zum Ausrichten der Rauchrohre wird die Rauchkammerrohrwand beim Löten vorne auf die Rohre geschoben (nicht mitlöten). Beim Erwärmen Vorsicht mit der Brennerflamme, die Rauchrohre sind recht dünn, wenn sie nur einen Moment zu lange den Brenner daran halten, ist schon ein Loch reingeschmolzen.

3. Der Langkessel mit dem Stehkesselmantel und die Feuerbüchse mit den Rauchrohren werden zusammengesteckt. Mit dem Bodenring fixieren wir die Teile an der
   Stehkesselvorderwand und an den Seitenwänden. Die Rauchkammerrohrwand wird
   eingesetzt und mit einigen Nieten festgehalten. Jetzt löten wir den Deckenträger mit
   einem Lot, das bei ca. 680° C fliesst, an der Stehkesseldecke fest (z.B L-Ag 45
   oder L-Ag 30 Cd). Den Bodenring löten wir ebenfalls fest. Achten sie beim Löten
   darauf, das dass Lot in den Spalt fliesst und nicht obendrauf steht.

4. Die Stehkesselrückwand wird mir den Längsankern eingesetzt und ausgerichtet.
   Zuvor haben wir natürlich alle Nippel und die Blindnieten von hinten, also von der
   Wasserseite aus, mit L-Ag 30, L-Ag 20 Cd oder L-Ag 2 P dichtgelötet. Das letzte
   Stück vom Bodenring kommt ebenfalls hinein und wird vernietet. Der nächste
   Schritt ist jetzt, alle Stehbolzen einzusetzen. Dafür reissen wir die Position an,
   bohren die Kernlöcher und schneiden das Gewinde durch die beiden Bleche
   hindurch. Nach dem Gewindeschneiden immer gleich den Stehbolzen einsetzen,
   denn wenn der Kessel sich bei dieser Arbeit etwas verzieht, dann fluchten die
   Gewinde nicht mehr. Zum Bohren der Stehbolzenlöcher in der
   Stehkesselvorderwand müssen wir einen verlängerten Bohrer anfertigen. Dazu
   nimmt man ein Stück rundlaufenden Stahl, 6mm, bohrt auf der Drehbank ein Loch
   mit 3,2mm hinein und klebt den Bohrer mit 2 Komponentenkleber hinein. Ein
   kleines Luftloch von 1mm am Ende der Bohrung erleichtert das Einkleben. Für den
   Gewindebohrer empfiehlt es sich einen Einschnitt – Mutterngewindebohrer zu
   verwenden, ausserdem eine Verlängerung zum Aufstecken.

   Sind alle Stehbolzengewinde geschnitten, müssen die Späne aus dem Kessel
   herausgespült werden. Zuerst mit Wasser und Spülmittel, zum Schluss mit Nitro-
   verdünnung oder Silikonentferner um auch die letzten Reste des Schneidöls zu
   entfernen. Nach dem Trocknen schrauben wir die mit Flussmittel bestrichenen
   Stehbolzen in die Gewindelöcher, setzen die Kontermuttern auf und drehen sie
   Handfest. Jetzt löten wir mit L-Ag 40 Cd oder L-Ag 55 Sn zuerst den Bodenring,
   dann die Rückwand, alle Stehbolzen aussen und innen und ganz zum Schluss die
   Rauchkammerrohrwand und die Rauchrohre fest. Diese Reihenfolge ist
   einzuhalten,den sonst kann es passieren, das sich der Kessel verzieht.

Zwischen den einzelnen Lötoperationen müssen wir unsere Kesselteile immer wieder mit
verdünnter Schwefelsäure vom Zunder und verbrauchtem Flussmittel befreien.

Vorsicht!!! Schutzbrille und Handschuhe tragen und immer die Säure in das Wasser
geben und nie umgekehrt. Die Beize soll eine Konzentration von 5% Säure haben. Nach
dem Gebrauch bitte mit Kalk neutralisieren. Auf dem Boden der Flüssigkeit bildet sich
beim langsamen Einstreuen ein Gipsklumpen, der in die Mülltonne gehört. Das verblei-
bende Wasser ist neutral und kann weggegossen werden.

Ein wichtiges Teil am Dampfkessel fehlt aber noch, nämlich das Typenschild. Hintergrund
ist das Regelwerk, welches zu beachten ist. Im Einzelnen sind dies:

1. Geltungsbereich

Bei Druckgeräten der Kategorie I (Vorschriften s.o.) muss der Hersteller bescheinigen, das der Dampfkessel einer Druckprüfung unterzogen worden ist und die Anforderungen der Druckgeräte-Richtlinie eingehalten worden sind.

2. Werkstoffe

Der Kesselhersteller muss nachweisen können, welche Werkstoffe verwendet wurden. Gütenachweise über die zum Bau von Kleindampfkesseln verwendeten Werkstoffsorten sind nicht erforderlich. Es genügt, wenn der Kesselhersteller die Werkstoffsorten nachweisen kann.

3. Herstellung

Überlappte Nähte und Hartlötungen sind zulässig, bei Blechen jedoch nur bei Wandstärken von 3mm und weniger.

4. Berechnung

4.1 Für die Berechnung diente die alte TRD der Reihe 300 als Orientierung. Es genügt die Berechnung gegen vorwiegend ruhende Innen- und Außendruckbeanspruchung.

4.2 Abweichend von der TRD über Berechnung entfiel die Forderung nach einer Mindestberechnungstemperatur von 250 °C. Ferner soll die kleinste zulässige Wanddicke betragen: Bei Nichteisenmetallen 2 mm.

5. Beheizung

Die Beheizung muss einen gefahrlosen Betrieb des Kleindampfkessels ermöglichen. Es ist sicherzustellen, das bei Öl- und Gasfeuerungen beim Ausbleiben der Flamme die weitere Brennstoffzufuhr unterbunden wird, wenn nicht die Wiederzündung gewährleistet ist.

6. Ausrüstung

6.1 Jedes Druckgerät, bei dem ein niedrigster Wasserstand festgesetzt ist, muss mit einer geeigneten Einrichtung versehen sein, die den Wasserstand erkennen lässt. Der niedrigste Wasserstand muss kenntlich gemacht sein.

6.2 Jedes Druckgerät muss mit einer zuverlässigen Einrichtung versehen sein, die vor einer unzulässigen Erwärmung der Kesselwandung die Beheizung selbsttätig unterbindet (z.B. Schmelzpfropfen).

6.3 Jedes Druckgerät muss mindestens ein zuverlässiges Sicherheitsventil haben. Der engste freie Strömungsquerschnitt darf 6 mm nicht unterschreiten.

6.4 Jedes Druckgerät muss mit einer Einrichtung versehen sein, die anzeigt, ob im Innern Überdruck herrscht (z.B. Manometer).

6.5 Speiseeinrichtung

7. Kennzeichnung

Jedes Druckgerät ist zu kennzeichnen mit:

(1) Name des Herstellers oder Herstellerzeichen
(2) Herstellnummer und Herstelljahr
(3) Zulässiger Betriebsüberdruck in bar
(4) NW-Marke

8. Prüfung und Bescheinigung

8.1 Jedes Druckgerät ist durch den Hersteller einer Wasserdruckprüfung zu unterziehen. Der Prüfdruck betrug 1,43 x PS, mindestens jedoch PS + 1 bar, wobei als PS der zulässige Betriebsüberdruck einzusetzen ist.

8.2 Der Hersteller hat durch die Angabe nach 7. zu bescheinigen, dass das Druckgerät einer Wasserdruckprüfung mit dem in Nummer 8.1 angegebenen Prüfdruck unterzogen worden ist und dieses den Anforderungen der Druckgeräteverordnung entspricht.

So, lieber Leser, jetzt ist doch alles klar oder vielleicht doch nicht so ganz? Das Kesselschild, bei dem wir stehen geblieben waren, fertigen wir aus einem Stück Kupferblech, 2 mm dick, und schlagen mit Schlagbuchstaben und Zahlen folgende Angaben hinein:

1. Unseren Namen
2. Fabrik-Nr. z.B. 1
3. Baujahr
4. Zul. Betriebsüberdruck 7 bar

Dann biegen wir das Schild oben über den Stehkessel und sichern es mit zwei Kupfer-
schrauben M2. Beim letzten Lötgang löten wir es mit Silberlot fest.
Noch ein Wort zur Berechnung: Der Kessel der Allchin ist in seinen Abmessungen für den
zulässigen Betriebsdruck von 7 Bar richtig dimensioniert. Ich habe alles nachgerechnet.
Versuchen sie aber bitte nicht, aus welchen Gründen auch immer, den Kessel mit einem
höheren Druck zu betreiben.

Es folgt jetzt die Druckprobe und Inbetriebnahme, wie im Kapitel Abnahme beschrieben.
Angenommen, der Dampfkessel ist dicht, dann wird er nach der Wasserdruckprobe beid-
seitig auf Maß bearbeitet. Das geschieht durch Fräsen oder Feilen, wobei unbedingt auf
Parallelität und gleichmäßige Materialabnahme auf beiden Seiten zu achten ist. Dieser
Vorgang ist speziell bei Dampftraktoren und Dampfwalzen notwendig.
Es ist sicherzustellen, dass dabei keine unzulässigen Unterschreitungen der Wanddicke
auftreten.

Die Dampfdruckprobe lässt sich erst nach dem Aufsatteln des Dampfzylinders und dem
Anbringen aller Armaturen durchführen. Zweckmäßig ist, den Rost und den Aschkasten
vorher anzubringen, nicht zu vergessen, die Rauchkammer und den Schornstein.

Mit einem Gasbrenner lässt sich der Kessel der Allchin nicht beheizen, dafür sind die
Rauchrohre in ihrem freien Querschnitt zu eng. Sollte jemand unbedingt mit Gasfeuerung
fahren wollen, was ich persönlich nicht empfehlen kann, müssen in den Kessel nur einige
wenige aber sehr große Rauchrohre eingesetzt werden. Denkbar sind drei Rohre 25 x 1,5
mm oder ähnliche.

Der Dampfkessel der Allchin „Royal Chester" besteht aus folgenden Teilen und wird aus Kupfer (Cu-DHP DIN EN 1653) hergestellt:

1. Langkessel	1 Cu Rohr 95 x 2,5 x 208 mm	
2. Rauchrohre	18 Cu Rohre 10 x 1 x 213 mm	
3. Stehkesselmantel	1 Cu Blech 111 x 346 x 2,5mm	
4. Muffe	1 Cu Blech 32 x 277 x 2,5mm	
5. Feuerbüchsmantel	1 Cu Blech 93,5 x 296 x 2,5mm	
6. Stehkesselrückwand	1 Cu Blech 101 x 146 x 3 mm	
7. Stehkesselvorderwand	1 Cu Blech 101 x 95 x 2,5 mm	
8. Feuerbüchswände	2 Cu Blech 82 x 119 x 2,5 mm	
9. Rauchkammerrohrwand	1 Cu Blech 105 x 105 x 2,5 mm	
10. Deckenträger	2 Cu Blech 60 x 94 x 2,5 mm	
11. Deckenträger	2 Cu Blech 23 x 94 x 2,5 mm	
12. Verstärkungsblech	1 Cu Blech 87 x 76 x 2,5 mm	
13. Verstärkungsblech	1 Cu Blech 13 x 32 x 2,5 mm	
14. Längsanker	4 CuSn6 Rund (2.1020) 5 mm x 325 mm	
15. Dicke Stehbolzen	32 Cu Rund 12 mm x 16,5 mm	
16. Kontermuttern	32 CuRund 12 mm x 3 mm	
17. Dünne Stehbolzen	16 CuRund 7mm x 17,5 mm	
18. Kontermuttern	16 Cu Rund 8 mm x 2,5mm	
19. Div. Anschlussnippel	20 Cu o. CuSn6 13 mm x 19 mm	
20. Speisepumpen Anschluss	1 CuRund 16 mm x 7,2 mm	
21. Feuerlochring	1 CuRund 42 mm x 14,5 mm	
22. Bodenring, seitlich	2 CuVierkant 6 x 6 x 93,5 mm	
23. Bodenring, v. und h.	2 Cu Vierkant 6 x 6 x 84 mm	
24. Untersatz z. DESt.	1 Cu 22 x 22 x 5 mm	
25. Lötverstärkung	1 Cu Vierkant 3 x 3 x 103 mm	

Zeichnungen dazu finden sie bei den Musterzeichnungen im Anhang.

Fertigung Stahlkessel

Schweißgerechte Konstruktion

In den Skizzen und Bildern sind die entsprechenden Vorschläge kommentiert. Generell sollten Schweißnahtanhäufungen vermieden werden aber gerade diese haben wir am Bodenring und im Bereich des Übergangs von Feuerbüchs-Seitenwand in Rohrwand und Feuerbüchsdecke. Das hat im Original zu Formteilen geführt. Diese sogenannten Kümpelstücke sind für einen Kessel bis zu einem Volumen von 50 Litern, bei den heute verfügbaren Werkstoffen und Schweißverfahren, nicht nötig.

Wenn man der Anforderung, möglichst in den Bereich der Kraftumlenkung keine Schweißnaht zu legen, nachkommen will, kann man sich für Bodenring und den Längs-Umbug der Feuerbüchse leicht für die komplizierte Variante entscheiden. Dies ist für Kessel, über 10 L Volumen immer die Bessere. Das bedeutet nicht, dass die anderen Konstruktionen nicht den Belastungen angemessen ausgeführt sind. Der Blick für Korrosionsfugen sollte nach dem Betrachten der Beispiele geschärft sein.

Durch das Schweißen von außen   (Bild oben und nächste Seite) entsteht innen eine Korrosionsfuge, die nur schwer zu vermeiden ist.

Der Zylinder unter Außendruck ist viel unkritischer als der Zylinder unter Innendruck, denn beim Zylinder unter Außendruck treten in der Hauptsache Druckspannungen im Werkstoff auf und diese sind bei den für ein Stahlrohr üblichen Wandstärken kein Problem.
Bei sehr geringer Wanddicke eines Siederohrs, kombiniert mit einem weniger festen Werkstoff mit geringer Warmfestigkeit, wie es z.B. bei Kupfer der Fall ist, kann der Außendruck durch die Knickbelastung zu einem einbeulen des Rohrs führen. Doch so theoretisch sollten wir es gar nicht angehen. Die Rohre sind nicht die gefährlichen Bereiche des Dampfkessels, weil beim Rohrversagen keine großen Querschnitte frei werden.

Man sollte sich aber generell Gedanken über die Belastung in einem Dampfkessel machen. Der zylindrische Teil des Dampfkessels, der Langkessel, steht unter Innendruck. Innendruck erzeugt Zugspannung in der Kesselschale des Langkessels. Ohne weitere Theorie kann man sich nun der Frage nähern: „Welche Spannung ist die Höhere? Die Radialspannung oder die Axialspannung?"

Die Anschauung hat es uns bereits gelehrt, denn eine Bockwurst (Weisswurst) die zu lange gekocht wurde platzt längs auf. Also ist die Radialspannung die Höhere. Sie ist sogar genau doppelt so hoch wie die axiale Spannung. Hierzu kann, wer möchte, in der klassischen Mechanik die Festigkeitslehre zu Rate ziehen. Dort ist in der Regel diesen altbekannten Themen des Maschinenbaus entsprechend Raum gegeben.

Wir finden bei dieser Betrachtung leicht eine ungünstige Naht in unseren Stahlkessel Konstruktionen. Es ist die Längs-Naht, mit der die Stehkesselseitenwand an den runden Teil des Stehkessels angeschweißt ist. Durch eine gute Schweißnahtqualität und durch die in der Nähe befindlichen Stehbolzen sind die Belastungen im sicheren Bereich.

Noch eine wichtige Grundregel: Die Wurzel eine Schweißnaht niemals auf Zug belasten. Was heißt das? Man nehme ein Stück Flachstahl und hefte ein zweites im Winkel von 90 Grad oben drauf (das sieht nun aus wie ein T). Der Hefter wird nur einseitig angebracht. Man kann den Hefter nun durch Biegen leicht aufreißen, das fühlt sich an wie ein Scharnier, der Riss geht von der Wurzel aus.

Der Kessel muss entsprechend des verwendeten Werkstoffs konstruiert sein. Nichteisenmetalle erfordern eine andere Fügetechnik als Stahl. Ebenso sind Nichteisenmetalle – meist Kupfer – auf kleinere Kessel beschränkt. (Siehe vorheriges Kapitel) Ein großer, ordentlich erstellter Kupferkessel ist sehr Anspruchsvoll in der Fertigung und ist eine Angelegenheit für einen Fachbetrieb.

Diese Tatsache gilt es zu Bedenken, gerade wenn die Verlockung besteht, so ein Projekt selbst durchzuziehen. Der Fachbetrieb ist sicher besonders vom Preis her nicht jedermanns Sache, auch wenn der Kupferkessel seine Vorteile hat.

Genau so ist der Bau aus rostfreiem Stahl zu sehen. Auch hier muss der Fachbetrieb für Schweißen und Nachbehandlung eingeschaltet werden. Der Aufwand ist aber geringer als bei Kupfer und aus diesem Grund sind auch größere Kessel realisierbar. Der Vorteil liegt in der geringeren Empfindlichkeit gegenüber Anrostung. Allerdings sind Kesselsteinbeläge hier ein noch größeres Problem als bei allen anderen Kesselbaumaterialien, weil Edelstahl durch die schlechtere Wärmeleitung sehr empfindlich auf lokale Überhitzung reagiert.

Der am einfachsten vom Hobbymodellbauer handhabbare Werkstoff ist und bleibt der normale „rostende" Stahl. Als normaler Stahl sind die vorgeschriebenen Kesselstähle, wie weiter vorne angegeben, zu verstehen. Die sind preislich relativ günstig und lassen sich gut be- und verarbeiten, gut schweißen und kommen ohne Nachbehandlung aus. Einzig der Rost scheint der Feind zu sein.

Tatsächlich versagen Kessel aber nur selten wegen Durchrostung. Die häufigste Fehlerquelle ist Abzehrung durch lokale Überhitzung. Ein Beispiel dazu geben wir weiter hinten im Kapitel „der alte Kessel".

Die Bedingungen, unter denen sich Rost bildet, lassen sich vermindern. Die Argumentation, wegen Rostgefahr diesen Stahl nicht zu verwenden, ist unhaltbar. Ein gut gepflegter und regelmäßig gewarteter Stahlkessel hält mehrere Jahrzehnte.

Man beachte bei diesem Kessel sind alle „Ringe", wie Feuerloch, Waschluken und Buchsen von der Innenseite her verschweißt, um Korrosionsfugen zu vermeiden.

Schweißarbeiten

Bei allen Werkstoffen gilt, gut Vorgearbeitet ist halb gefügt!
Vernünftige Planung der Anordnung der Schweißnähte, Schweißreihenfolge und Schweißnahtvorbereitung ist sehr wichtig. Saubere, metallisch reine Kanten – vor allem für das WIG-Schweißen – richtige Winkel, Maßhaltigkeit sind Grundvoraussetzungen. Auch die Wahl der Schweißzusatzstoffe (Elektroden, WIG – Drähte) muss passend sein.

Schweißarbeiten müssen fachgerecht ausgeführt sein. Dies kann z.B. ein geprüfter Schweißer eines Fachbetriebes, welchen man im Lohnauftrag für sich Schweißen lässt. Doch auch ein mit der Thematik eingehend vertrauter und gut geübter Schweißer kann bei Kesseln bis Kategorie II, unter dem Bewusstsein seiner Verantwortung, diese Arbeit durchführen. Das gilt nicht mehr bei Kesseln, die eine TÜV-Abnahme durchlaufen müssen.

Man sollte generell erst eine kleine sichere Naht anlegen, man sagt dazu „die Wurzel schweißen". Diese Wurzel wird bei WIG niemals ohne Schweißzusatz gefertigt! Schon gar nicht bei Stahl! Es mag verlockend sein, weil der blanke Metallwerkstoff im Lichtbogen des WIG-Brenners so schön verläuft, es ist aber die Sünde pur!
Das kann man bei beliebigen Konstruktionsteilen im Modellbau machen aber nicht dort, wo es auf Sicherheit und Festigkeit ankommt. Stahl zeigt ohne Zusatz beim Erkalten in den meisten Fällen schon kleine Risse. Es können sich aber auch Poren oder Blasen bilden. Damit würde die Wurzel unsicher.

Geschweißt wird, den bekannten Regeln entsprechend, mit nicht zu viel Strom und mit genug Schweißzusatz. Nicht zu viel Nahtquerschnitt auf einmal erzeugen, lieber in zwei Lagen schweißen.

Schweißnähte an Druckbehältern sind Sichtnähte, dürfen also nicht bearbeitet werden. Dabei muss eine gut haltbare Naht nicht unbedingt „wie gemalt" aussehen. Der Einbrand an der Bindestelle zum Blech und die Nahtüberhöhung müssen stimmen.

Dem Kessel aus rostfreiem Stahl könnte man ein eigenes Buch widmen...

Viele Leute empfehlen Edelstahl als Material für Modelldampfkessel. Auch wenn es benutzt werden kann, gibt es einige Gründe, warum es nicht das beste Material ist. Alle die perfekt in Metallurgie und Schweißtechnik sind, kennen die Tücken des Materials und wissen wie man es richtig Bearbeitet. Allen Anderen sei geraten, bei den konventionellen Materialien (Kupfer und Stahl) zu bleiben.

Merksatz: Rostfreie Stähle im Kesselbau sind Sache der Profis!

Dem normalen Modellbauer muss eindringlich von der Erstellung eines Kessels aus rostfreien Stählen abgeraten werden, wenn er nicht die Zusammenarbeit eines Fachbetriebes in Anspruch nehmen kann! Nachstehend ein kleiner Auszug aus einem Vortrag zum Thema Kesselbau mit Edelstählen:

Was Korrosion betrifft, kann Edelstahl genau so anfällig sein, wie ein Kessel aus Schwarzstahl. Man muss ebenfalls, wo man nur kann, die Korrosionsfugen vermeiden. Gerade dann, wenn ein Kessel aus rostfreiem Stahl nach dem Schweißen gebeizt wird und innere Korrosionsfugen hat, kann er nach 10 Jahren kaputt sein, an einer Stelle durchkorrodiert.

Das Thema Korrosion passt noch aus einem anderen Grund hierher, wo doch eigentlich das Schweißen an der Reihe ist: Die Anlassfarben der Schweißnaht dürfen nicht braun sein!!!! Höchstens blau, wenn es geht, nicht einmal dunkelblau. Wenn man ein Austenit überhitzt bildet sich Chromkarbid – **und das Material rostet!!**
Um die Chromkarbidschicht loszuwerden, holt man durch das Beizen die Chrom- und Nickelatome wieder an die Oberfläche.

Man braucht für das Schweißen von rostfreiem Stahl weniger Strom als in Stahl, weil die Wärme nicht so gut im Werkstoff abfließt. Bei höherem Strom muss man schneller Schweißen, das erfordert natürlich Übung (wie das Schweißen überhaupt). Ein Stahl ist etwas gnädiger, wenn man auf der Stelle „rumknödelt", weil er die Wärme besser verteilt.

Überall dort, wo man innen nicht mehr zum Schweißen dran kommt, muss bei rostfreiem Stahl „Formiert" werden. Das heißt, die Gegenseite der Naht, bzw dort, wo durchgeschweißt wird, wird ebenfalls mit Edelgas vor Luftzutritt geschützt. Wenn man nicht formiert, bekommt man die durchgeschweißte Wurzel nicht in den Griff. Sie ist dann rauh und unregelmäßig, hat massenweise Korrosionsfugen und dazu noch mit dunkler Chromkarbidschicht....

Abnahme

Die Wasserdruckprobe (hydraulischer Druckversuch)

Wenn unser Dampfkessel fertig gelötet oder geschweißt ist, werden zuerst alle Fluss-mittel- oder Schlackerückstände beseitigt. Beim Kupferkessel genügt dazu klares Wasser. Anschließend beizen wir diesen, damit er wieder blank und sauber wird. Für die erste Dichtigkeitsprüfung verschließen wir alle Löcher und Bohrungen mit Stopfen. In eine Bohrung mit Gewinde schrauben wir ein angepasstes Autoventil. Mit dem Kompressor oder der Luftpumpe füllen wir Luft in den im Wasser liegenden Dampfkessel. Der Druck darf nur gering sein, etwa 0,5 Bar reichen aus. Sollte eine undichte Stelle am Kessel sein, sieht man wie beim Fahrradschlauch die Luftblasen aufsteigen. So erkennt man die undichten oder vergessenen Lötstellen oder Schweißnähte. Diese Methode ist für kleinere Objekte relevant.

Für den hydraulischen Druckversuch fertigen wir einen Adapter, damit ein großes Mano-meter am Dampfverteiler angebracht werden kann. In eine andere Bohrung wird ein Rückschlagventil als Speiseventil eingeschraubt, hier erfolgt der Anschluss der Handspeisepumpe. Damit füllen wir den Kessel restlos mit kaltem Wasser, es darf keine Luft mehr enthalten sein. Nach dem Entlüften pumpen wir langsam weiteres Wasser hinein. Der Druck am Manometer steigt. Alle ebenen Wände, auch die der Feuerbüchse werden auf Ausbeulung beobachtet.
Wenn keine Leckstellen zu sehen sind, pumpen wir so lange weiter, bis Nenndruck erreicht ist. Diesen Druck halten wir 3 Minuten. Ist dann noch immer alles trocken und in Ordnung, pumpen wir bis zum Prüfdruck, der das 1,43 fache des Betriebsdrucks betragen kann. (siehe auch Werkstoffbelastung) Dieser Druck wird 30 Minuten gehalten. Ganz kleine Tropfen oder Undichtigkeiten sind nicht kritisch, werden aber markiert. Leckt der Kessel irgendwo sehr stark, also wenn Wasser herausspritzt, muss die Stelle nachge-schweißt oder gelötet werden. Ist es nur eine kleine Pore, kann die Stelle verstemmt werden. Bei Kesseln der Kategorie I kann man solche Stellen auch aufbohren und eine Schraube aus dem Kesselmaterial mit Loctite einkleben.

Ist der Kessel dicht, werden die Sicherheitsventile montiert und sämtliche Kessel-armaturen und Wasserstände angebracht. Der Wasserstand wird auf den höchsten Betriebswasserstand gesenkt. Anschließend wird die erste Warmdruckprobe durchgeführt. Dabei wird der Kessel mit einem Gasbrenner langsam auf Betriebsdruck gebracht. Die Funktion der Sicherheitsventile wird überprüft und gegebenenfalls korrigiert. Es wird außerdem überprüft ob die Sicherheitsventile den weiteren Druckanstieg zuverlässig be-grenzen. Werden alle diese Hürden erfolgreich gemeistert, wird die Prüfung dokumentiert und im Betriebsbuch aufgehoben.

Durchführung regelmäßiger Wasser-Druckprüfungen?

Der DBC-D empfahl bisher, regelmäßig einmal pro Jahr eine Wasserdruck-Prüfung durchzuführen. Da die deutsche Betriebssicherheitsverordnung bei Druckgeräten der Kategorie I, II und III P x V 1000 keine wiederkehrenden Prüfungen fordert, und bei Kesseln der Kategorie IV die Wasserdruckprüfung nur alle 9 Jahre erforderlich ist, muss das Augenmerk in der Zukunft mehr auf die Belagbildung und den Zustand der inneren Wandungen gelegt werden. Siehe den Abschnitt auf Seite 18 unter Prüfung der Modell-Dampfkessel.

Hintergrund ist, dass eine Wasserdruckprüfung am verkleideten Kessel allerhöchstens als

Dichtigkeitsnachweis gelten kann. Denn wenn der Zustand der Innenflächen unbekannt bleibt, wäre diese Prüfung sehr fragwürdig. Wie auf Seite 18 erwähnt, ist es heute nicht mehr schwer, technische Endoskope für die Besichtigung des Kesselinnern heranzuziehen.

Spätestens jetzt wird vielen klar, dass eine ausreichend und gut platzierte Zahl von Reinigungsöffnungen diese Kontrollen wesentlich erleichtert. Wenn die Innenflächen belagfrei sind, wird auch die Abzehrung sich in Grenzen halten und somit ein relativ langes und sicheres Kesselleben ermöglicht.

Anschluss von Prüfmanometer und Prüfhandpumpe

Lagerung

Korrosionsschutz und Überwintern von Modelldampfkesseln

Da unsere Dampflokomotiven die meiste Zeit des Jahres kalt abgestellt im Keller oder der Garage verbringen, kommt dem Schutz des Dampferzeugers während dieser Zeit eine besondere Bedeutung zu. Wenn auch nur die geringste Möglichkeit besteht, dass die Lok einfriert, wird das sich ausdehnende Eis den Kessel sprengen. Um dieses Risiko zu vermeiden, muss der Kessel und alle anderen Komponenten, die Wasser enthalten sorgfältig getrocknet werden. (z.B. der Injektor, die Verrohrung, Manometer etc.)

Der Schutz gegen Vereisung ist einfach zu lösen, das nächste ist die Korrosion. Dabei gibt es verschiedene Philosophien, wie denn der wirksamste Schutz des Kessels erfolgen soll. Dabei ist nicht nur der Stahlkessel Rostgefährdet. Auch im Kupferkessel spielen sich Korrosionsvorgänge ab, die aber meist unedlere Anbauten z.B. aus Messing betreffen.

Ein einfaches Entleeren des Kessels führt zum Kontakt der Oberflächen mit Luft, also mit Sauerstoff, und Sauerstoff plus Metall ergibt Korrosion. Wenn man von einer durchschnittlichen Lagerungszeit eines Modellkessels von über 99% seines Lebens ausgeht, korrodiert er, wenn er nicht in Gebrauch ist.

Eine Methode besteht darin, nach dem Fahrtag das Wasser abzulassen. Der Vorteil: Das geht schnell und entfernt alle Härtebildner, die sich im Kesselwasser angereichert haben. Der Nachteil: der Kessel bleibt feucht, außerdem müssen wir mit einer ständigen Kondensation von Luftfeuchtigkeit auf der kalten Metalloberfläche rechnen, die für einen dauernden Nachschub an Feuchtigkeit sorgt.

Einige Modellbauer probieren das zu umgehen, indem sie den Kessel mittels einer Wärmequelle, z.B. Glühlampe, nach dem Ablassen trocknen. Das beseitigt dann die Feuchtigkeit dort, wo die Wärme hinkommt. Alle Ecken und Rohre werden aber nicht erreicht. Das kann dann vielleicht die Kondensation verhindern, Sauerstoff ist aber weiterhin vorhanden. Dazu verbraucht so eine Heizung Strom. Das kann sich über Monate zu einer erheblichen Rechnung ansammeln. Um die Luft aus dem Kessel zu treiben gibt es den Vorschlag, ein inertes Gas, wie Stickstoff oder Argon in den Kessel zu füllen. Das hört sich einfacher an, als es ist, weil eine Kontrolle schwierig ist. Auch diese Gase entfernen nicht die Feuchtigkeit aus dem System.

Man kann am Ende des Fahrtages nach dem Abschlammen den Kessel vollspeisen und das ausgekochte Wasser darin belassen. Das soll dann Sauerstofffrei sein und so eine Oxidation verhindern. Der Vorteil: Einfach und schnell. Der Nachteil: Sind wir sicher, das da kein Sauerstoff im Wasser gelöst ist? Das Wasser hat nämlich die Eigenschaft, bei abnehmender Temperatur immer mehr Sauerstoff aus der Luft aufzunehmen und unweigerlich gleichmäßig zu verteilen. Eine kleine Luftblase im System verkehrt den Nutzen dieser Aktion ins Gegenteil.

Wenn wir mal schauen, wie die Profis ihre Wasserkreisläufe vor Korrosion schützen, stoßen wir nämlich bei der Autoindustrie auf ein ähnliches Problem: Eine Mischung diverser Buntmetalle zusammengebaut mit billigem Eisen in dem Wasser zirkuliert, das auch noch erhitzt wird. Das soll, genau wie bei uns vor dem Einfrieren und vor Korrosion geschützt werde.

Der Korrosionsschutz in Kühlsystemen von Autos hat mittlerweile fast ein Jahrhundert an Entwicklung hinter sich. Diese Kühlmittel enthalten nicht nur Frostschutz, sondern auch einen wirksamen Korrosionsschutz. Sie enthalten Mittel, die nicht nur einfache Korrosion, sondern auch elektrolytische Korrosion beim Kontakt verschiedener Metalle verhindern und außerdem unschädlich für Gummi und Kunststoffe sind. Die modernste Version hat die Kennfarbe Rosa und wird in den meisten modernen Fahrzeugen verwendet. Selbst eine Mischung die bis zu 50% Wasser enthält, ist noch bis -20° C frostsicher.

Das eignet sich hervorragend für unsere Modelldampfkessel als Korrosionsschutz. Nach dem Ablassen des Kesselwassers einfach mit unverdünntem Kühlerfrostschutz bis zum Rand auffüllen. Vor dem Winter außerdem alle Pumpen und Leitungen durchdrehen, bis die bunte Brühe herausläuft, dann darf es sogar unter Null Grad werden, ohne das eine Leitung platzt. Vor dem nächsten Fahrtag wird die Lösung abgelassen und bei offenem Ablassventil so lange frisches Wasser eingefüllt, bis die austretende Flüssigkeit klar ist. Der aufgefangene Frostschutz wird nach dem Fahrtag wieder eingefüllt.

Der Vorteil: Einfach, schnell und zuverlässig! Der Nachteil: Kühlerfrostschutz kostet Geld. Da bei unserer Verwendung aber kein umlaufendes System mit ständigen warm-kalt Zyklen besteht, ist die Haltbarkeit fast unbegrenzt. Der Wirkungsmechanismus von Glykol ist, das es als Alkohol keine Ionenleitfähigkeit hat, und so lange die Korrosion verhindert, wie diese Eigenschaft besteht. Verdünnung mit Wasser und Alterung führen irgendwann zum Verlust dieser Eigenschaft. Deswegen sollte es für unsere Zwecke auch unverdünnt verwendet werden. Die Verdünnung kommt mit der Zeit von alleine.

Zum Schluss noch eine Warnung: Ethylenglykol ist giftig beim Verschlucken und kann auch über die Haut aufgenommen werden! Deshalb beim Hantieren Gummihandschuhe tragen und bei Hautkontakt mit Wasser abwaschen.

Nicht in die Hände von Kindern gelangen lassen. Der süße Geschmack wird heute aber meist durch bittere Geschmacksstoffe vergällt.

Reste und Überschüsse auffangen und beim Schadstoffmobil ordentlich entsorgen.

Aufbereitung von Speisewasser

Welche schädlichen Wirkungen normales, hartes Leitungswasser als Speisewasser für unsere Modelldampfkessel hat, ist im Kapitel „der alte Kessel" anschaulich beschrieben. Dabei dürfen wir uns nicht auf die Angaben des heimischen Wasserwerks verlassen. Am Heimatort des Autors hat das Leitungswasser etwa 8 Grad deutscher Härte und liegt damit im, laut Aussage des Lieferanten im „Härtebereich: Weich". Wenn wir aber im „Niederstrasser: Leitfaden für den Dampflokomotivdienst" nachlesen, wird Speisewasser mit diesem Gehalt an Salzen nur als „noch brauchbar" beschrieben. Das Kesselwasser muss also zum Betrieb in der Lokomotive aufbereitet werden.

Folgende Eigenschaften sollte das Wasser für unsere Kessel zum schadlosen Betrieb haben:
- Es muss klar, also frei von Schwebstoffen sein.
- Der pH Wert muss zwischen 7 und 10 liegen, also besser leicht im Alkalischen.
- Der Gehalt an Härtebildnern sollte unter 1 Grad deutscher Härte liegen. (Unter 0,15 mmol/l CaCo3)

Die Literatur und das Internet sind eine reich Quelle an Hinweisen, von denen aber die meisten für unsere Zwecke und Möglichkeiten kaum in Frage kommen.

Wir Unterscheiden grundsätzlich zwischen:

1. Äusserer Speisewasseraufbereitung, ausserhalb von Lokomotive und Vorratsbehälter.
2. Innerer Speisewasseraufbereitung, das heißt im Lokkessel selbst.

Da wir nur zu einem geringen Teil der Lebensdauer unserer Kessel Betrieb machen, ist die Korrosion, die zeitabhängig verläuft, eher ein Problem, das während der Lagerung auftritt.
Im Alltag ist die Abscheidung unlöslicher Calcium- und Magnesiumsalze als Kesselstein aus dem Leitungswasser das Hauptproblem.

Aus der Umfrage bei den Vereinen haben sich zwei Methoden der **äusseren Aufbereitung** als bewährt herausgestellt:

1. Austauschenthärtung

Enthärtung des Rohwassers durch Kationenaustauscher in Natriumform (Basenaustauscher)
Diese Enthärtung erfolgt in einem Kationenaustauscher, da hier die positiven Erdalkaliionen ausgetauscht werden. Der Austauscher wird mit preisgünstigem Kochsalz regeneriert. Die Härtebildner Calcium und Magnesium, die bei der Beladung an das Ionenaustauschharz angelagert wurden, werden durch das Natriumion des Regenerationsmittels Kochsalz ersetzt. Für die Regeneration wird 8 - 10-%ige Kochsalzlösung eingesetzt.

Es wird ein Restgehalt von < 0,01 mmol/l an Erdalkalien erreicht. Bei der Austauschenthärtung werden die Härtebildner ersetzt und somit wird der Salzgehalt dieses aufbereiteten Wassers nicht reduziert. Der mit dem Wasser beaufschlagte Kessel muss daher entsprechend abgeschlammt werden, damit ein Aufschäumen des Kesselwassers vermieden wird. Problematisch ist die Anwendung der Austauschenthärtung beim Einsatz von Wasser mit sehr hoher Gesamthärte und hohem Gehalten an Natriumsalzen. Durch die Enthärtung mittels Ionenaustausch werden die Anionen - Hydrogencarbonate, Chloride und Sulfate - nicht vermindert.

Das ist die Methode, die in der häuslichen Spülmaschine angewendet wird. So aufbereitetes Speisewasser erzeugt aber keinen unlöslichen Ansatz mehr im Kessel. Im Handel gibt es preiswerte Anlagen, die selbst regeneriert werden können.

2. Umkehrosmose

Eine in letzter Zeit oft angewandte Methode der Teilentsalzung ist die Umkehrosmose, da hier im Vergleich zu Ionenaustauschern auf eine Regeneration verzichtet werden kann und ein kontinuierlicher Anlagenbetrieb möglich ist. Das Wasser muss klar und frei von unlöslichen Fremdstoffen, insbesondere frei von organischen Verunreinigungen, sein, um ein Verblocken der Membranen zu vermeiden. Das Prinzip der Umkehrosmose beruht darauf, dass der Diffusionswiderstand der Poren der eingesetzten Membranen für die kleineren Wassermoleküle wesentlich geringer ist als der Widerstand der größeren im Wasser gelösten Ionen. Das Wasser wird mit einem höheren Druck in die mit einer Mem-

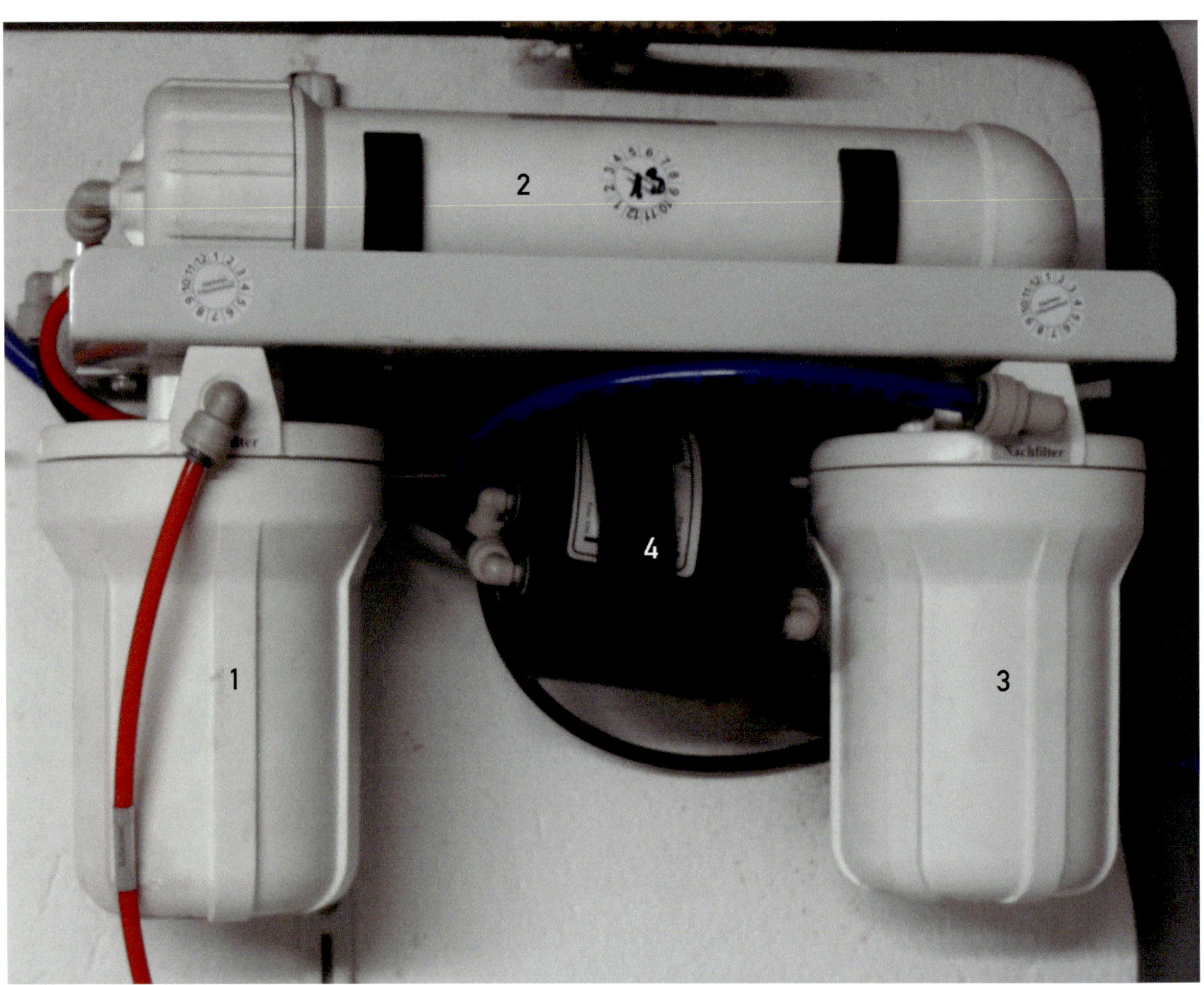

Umkehrosmose-Filteranlage mit einer Leistung von einigen Litern in der Stunde, bestehend aus: 1 - Vorfilter, 2 – Osmosemembran, 3 – Nachfilter und 4 – wasserbetriebener Pumpe zur Druckerhöhung.

bran ausgerüsteten Module geleitet. Die Höhe des erforderlichen Druckes ist abhängig vom Salzgehalt des Rohwassers und dem verwendeten Typ der Membrane. Wasser und ein Anteil insbesondere der kleineren Salz-Ionen diffundieren durch die Membran und bilden das Permeat, das als teilentsalztes Wasser zur Verfügung steht. Den Rest bildet

das salzreiche Konzentrat, das nicht durch die Membran diffundiert ist. Dieser Anteil wird verworfen.
Der Vorteil ist, das alle Salze reduziert werden. Diese Anlagen gibt es preiswert als Geräte für den Haushalt, die für Dauerbetrieb geeignet sind. Zusammen mit einem Regenfass und einem Schwimmerventil aus dem Spülkasten einer Toilette lässt sich ein immer automatisch befüllter Vorrat schaffen.

Für die **innere Speisewasseraufbereitung** stehen uns Tannin haltige Zusatzstoffe für das Speisewasser zur Verfügung. Sie senken den pH-Wert und verringern die Ablagerung von Salzen auf den Heizflächen. Zusätzlich zu den alkalischen und tanninen Bestandteilen enthalten sie oft auch noch Korrosionsschutz und Zusätze um ein Aufschäumen zu verhindern. Sie sind sicher und einfach zu Benutzen und werden als meist braune Flüssigkeit von unseren Lieferanten verkauft. Die korrekte Dosierung wird zwar in der Dokumentation beschrieben, ist im Alltag bei Nachfüllen aber manchmal schwierig Einzuhalten. Einen groben Hinweis liefert die Farbe des Wassers im Wasserstandsglas.

Nach dem Abschlammen lässt man dem Wasserstand einen Moment Zeit, sich zu beruhigen, die Farbe des Kesselwassers sollte dann etwa die von dünnem Tee haben. Zu hell, etwas mehr dazugeben, zu dunkel, Abschlammen und mit klarem Wasser Nachspeisen. Glücklicherweise schadet eine Überdosierung unseren Kesselmaterialien nicht. Allerdings wird Messing von alkalischem Speisewasser angegriffen und Entzinkung wird beschleunigt.

Wer beim gebrauchten Kessel mit der Speisewasseraufbereitung anfängt, muss damit rechnen, das alte Beläge in Lösung gehen und sich Absetzen. Regelmässiges Abschlammen und Auswaschen ist dann häufiger notwendig. Wer Zusatzstoffe in den Tender oder den Wassertank füllt muss ausserdem damit rechnen, dass sich Ablagerungen in den Filtern bilden, die entfernt werden müssen. Auch Rückschlag- und Sicherheitsventile können in ihrer Funktion durch Zusätze zum Speisewasser gestört werden.

Der alte Kessel

Auf den folgenden Seiten sind die Bilder der Kessels eines Spur 5 Dampfmodells mit extremen Ablagerungen zu sehen. Es wurde mit hartem Speisewasser betrieben.

Es wurden unnötig viele Stehbolzen eingebaut, was ebenfalls die Ablagerung begünstigt. Der obere Querschnitt im Bereich der Stehkesselrundung war, durch die oben zu breite und eckig ausgeführte Feuerbüchse, stark eingeengt.

Die Kesselausführung ist – meiner Meinung nach – das beste Negativbeispiel, wie man einen Modelldampfkessel nicht bauen sollte. Und dennoch ist er unspektakulär durch Leckage und mangelhafte Dampferzeugung außer Dienst gegangen.
So kann man dieses Beispiel als Beweis dafür heranziehen, dass auch ein unzureichend konstruierter Kessel – zumindest in der Größe bis 10 Liter – keine nennenswerte Gefahr darstellen muss.

Dem Betreiber eines Kessels ohne Waschluken kann dringend geraten werden, wenigstens einmal im Jahr den Inhalt auszulitern. Im Prinzip reicht es, wenn man beim Neubefüllen die bis NW einzufüllende Wassermenge bestimmt. Der abgebildete Kessel dürfte im **Endzustand** nicht mehr als 3 Liter aufgenommen haben, bei einem Konstruktionsvolumen von ca. 8 Litern !

Der Aufwand, durch günstige Nahtanordnung und durchgeschweißte, sowie mehrlagige Nähte Korrosionsfugen zu vermeiden, war vom Hersteller vermieden worden.

Das Versagen des Kessels fand letztendlich in der Feuerbüchse im Stehbolzenbereich statt. Dort wurden durch die starke Erwärmung die Wände zwischen den Stehbolzen verbeult. An der Schweißnaht der Stehbolzen trat Dampf aus. Die Wärmeabfuhr durch das Kesselwasser war aufgrund des Nichtvorhandenseins desselben, nicht möglich. Die Ablagerungen waren ähnlich eines Schwamms und füllten die Wasserräume zwischen den Wänden des Stehkessels. Zwischen den Siederohren herrschten dieselben Verhältnisse. Wäre das Versagen nicht in diesem Bereich eingetreten, so hätte die Leckage an den Siederohren im Flammenbereich, direkt an der Feuerbüchse stattgefunden. Auf diese Weise gehen die meisten Kessel kaputt, die Abzehrung ist dort am größten und an dieser Stelle sind die geringsten Materialquerschnitte verbaut.

Dem Befund nach wurden keine Kesselstähle, sondern St 37 verwendet.

Es waren keine Waschluken vorhanden. So bestand keine Möglichkeit, den Kessel innen zu reinigen.

Bilderbogen zum Kesselbau am Beispiel eines Stahlkessels für eine Baureihe 23 von Dipl. Ing. Matthias Zundel

Großzügig freigesenkte Stehbolzen, die so ohne innere Korrosionsfuge verschweißt werden können.

Aussparung in den Deckenankern für eine gute Zirkulation des Wassers

Kräftig dimensionierte Stehbolzen

Abschlammstutzen so weit wie möglich in der Ecke.

Auf den nächsten 12 Seiten sind Beispiele für die Lage von Schweißnähten dargestellt:

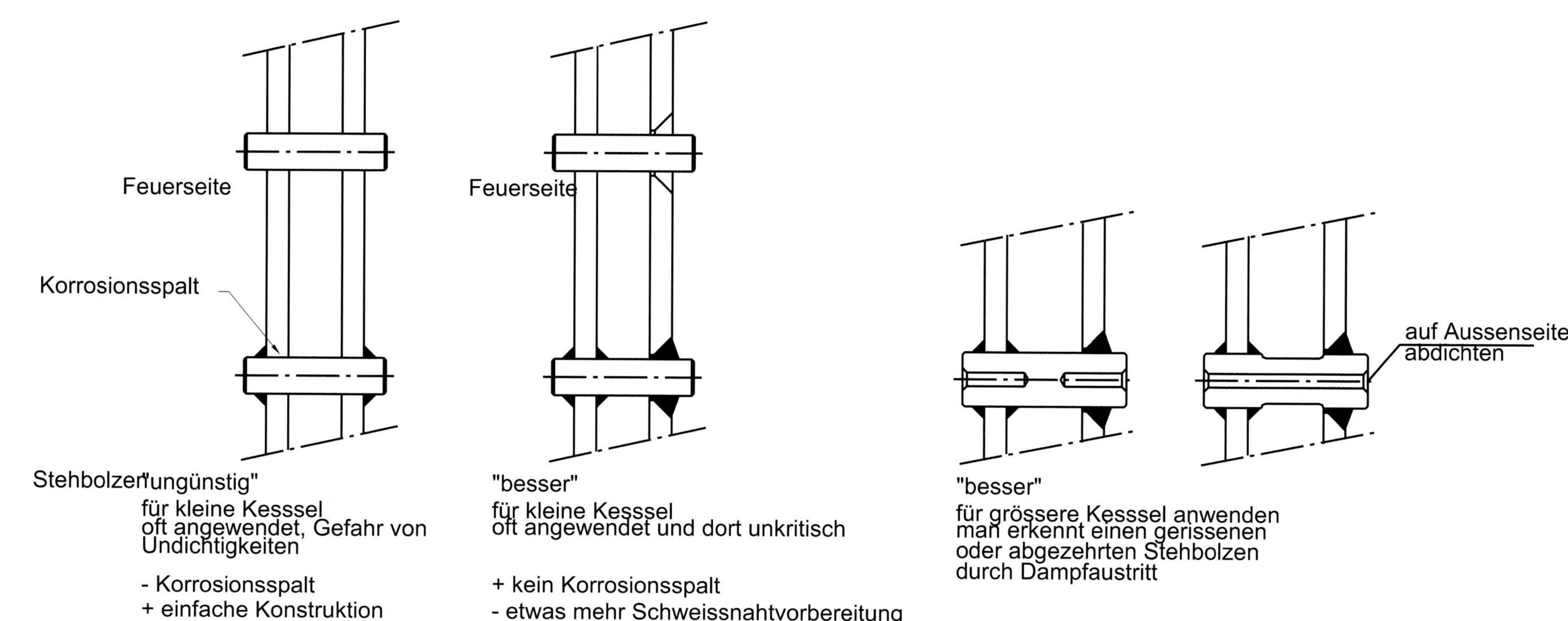

Feuerseite
Feuerseite
Korrosionsspalt
auf Aussenseite
abdichten
Stehbolzen"ungünstig"
für kleine Kesssel
oft angewendet, Gefahr von
Undichtigkeiten
- Korrosionsspalt
+ einfache Konstruktion
"besser"
für kleine Kesssel
oft angewendet und dort unkritisch
+ kein Korrosionsspalt
- etwas mehr Schweissnahtvorbereitung
"besser"
für grössere Kesssel anwenden
man erkennt einen gerissenen
oder abgezehrten Stehbolzen
durch Dampfaustritt

Übergang Feuerbuchswände/Feuerbuchsdecke (1)

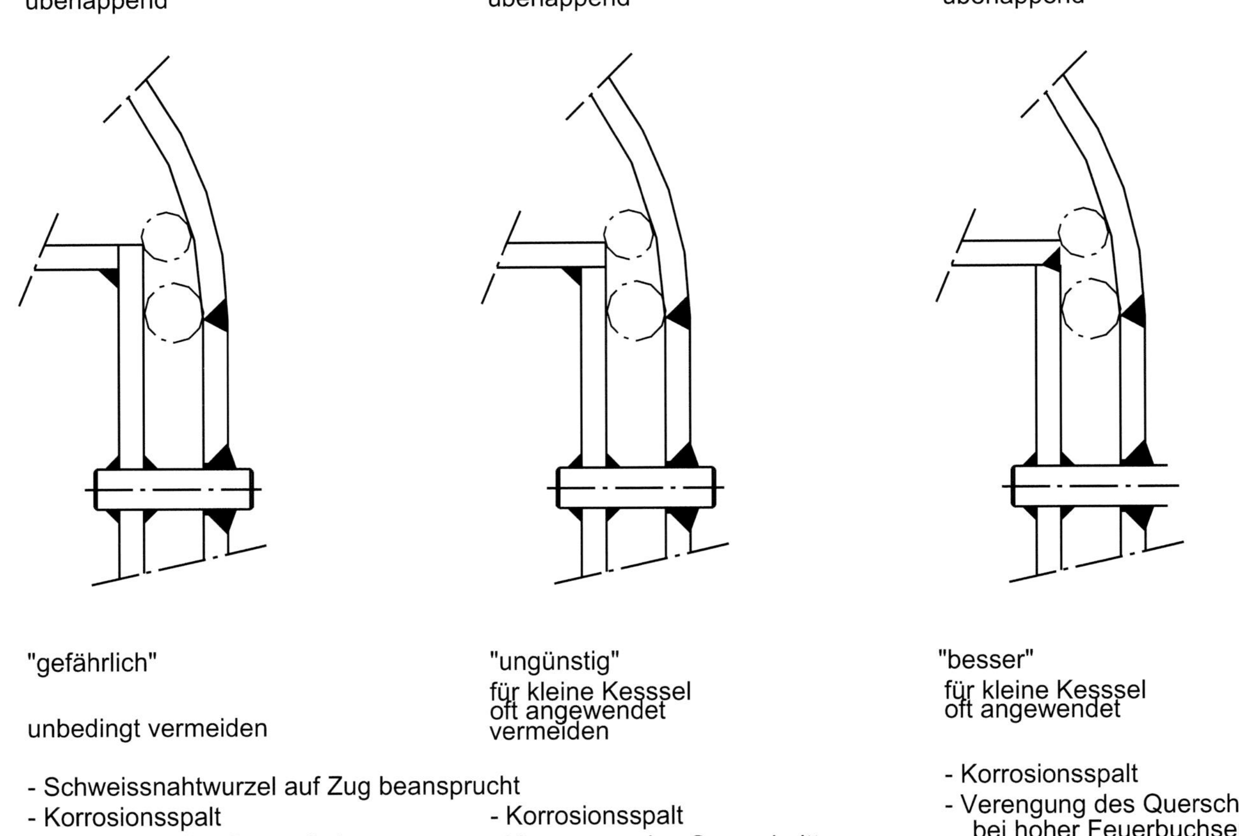

Übergang Feuerbuchswände/Feuerbuchsdecke (2)

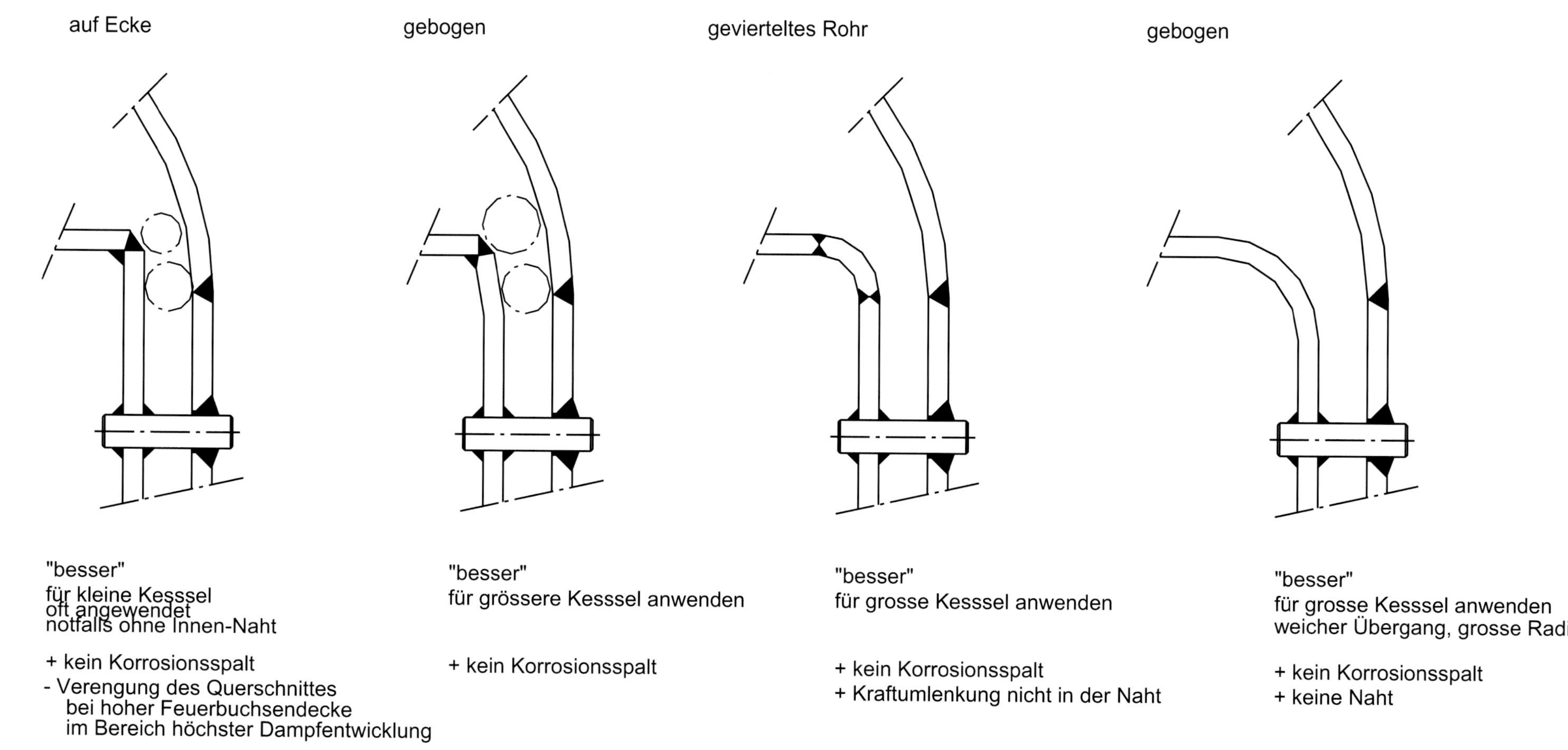

Deckenanker

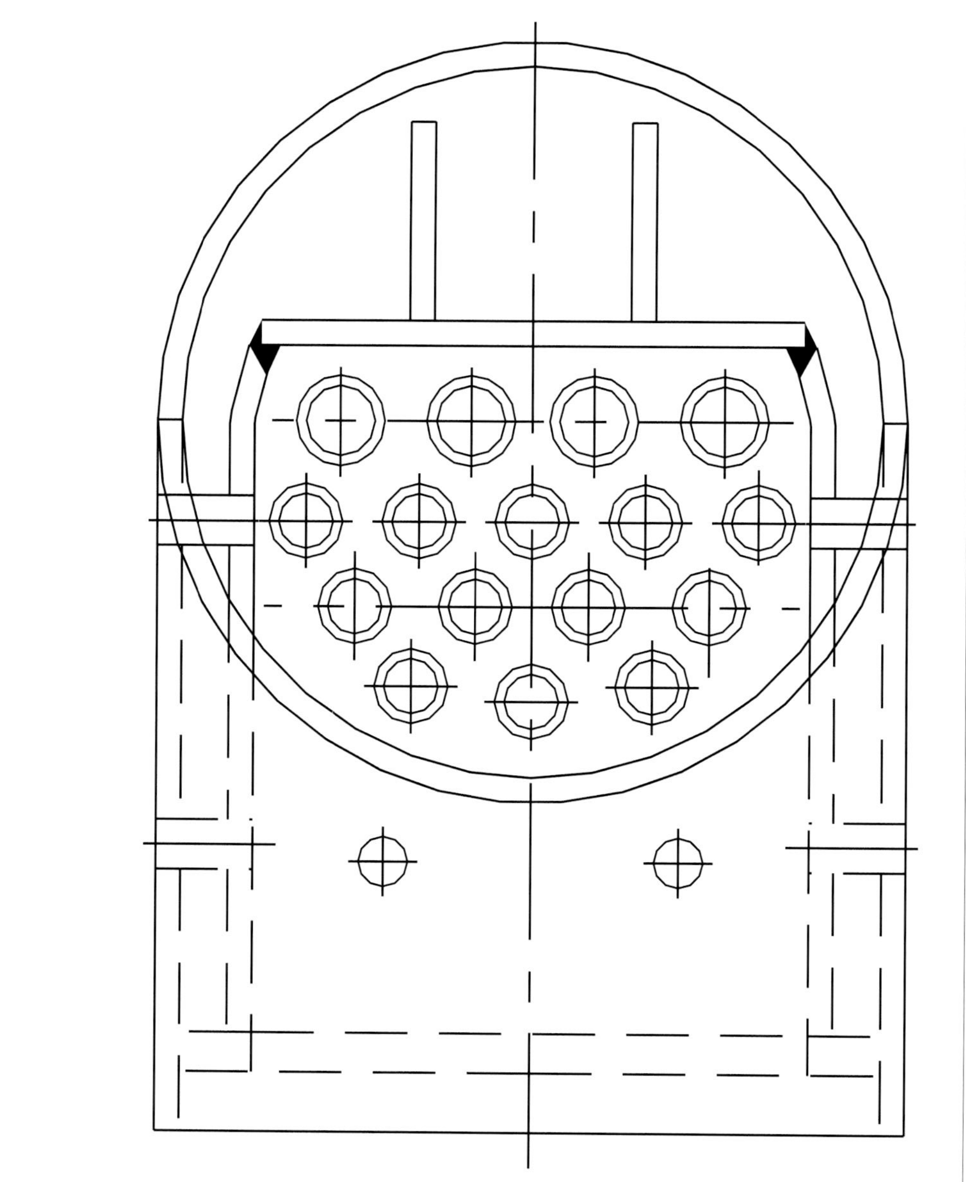
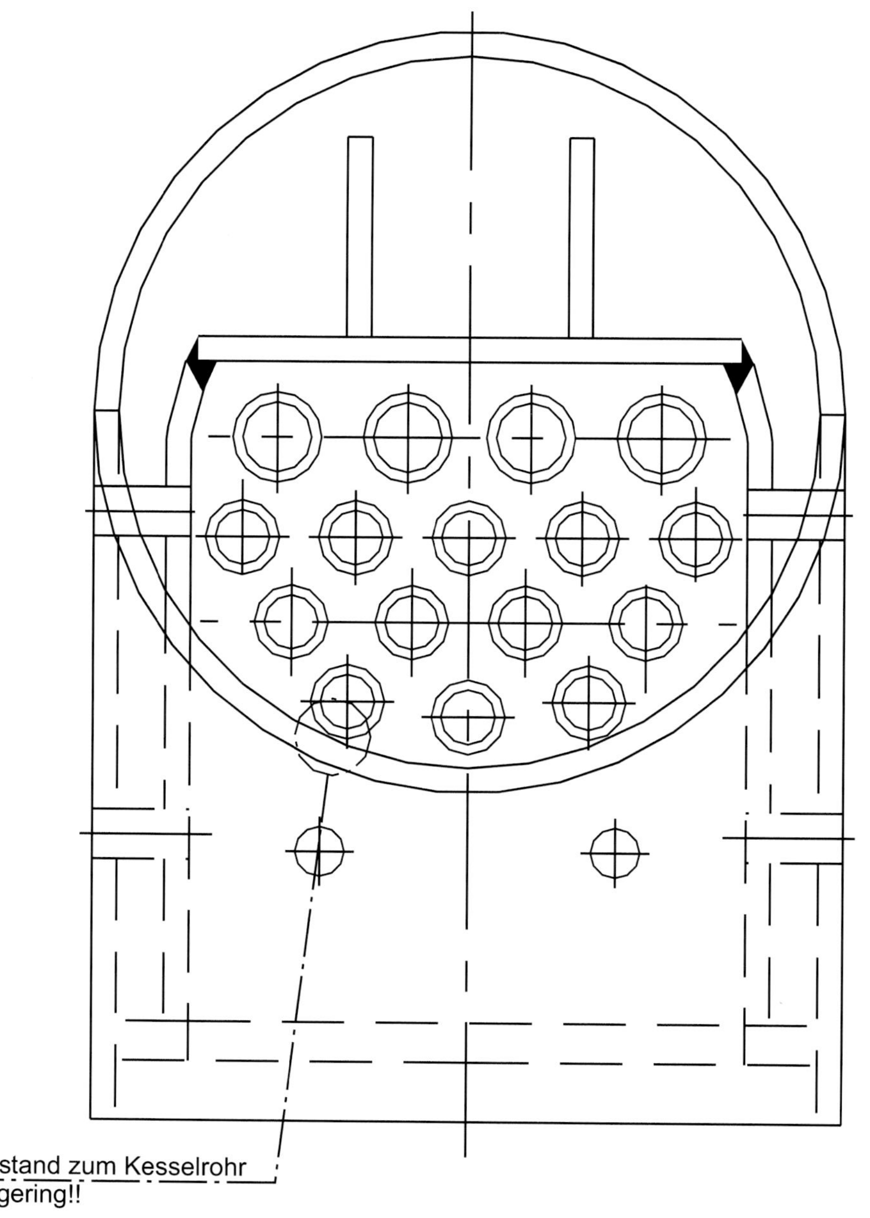

Abstand zum Kesselrohr
zu gering!!

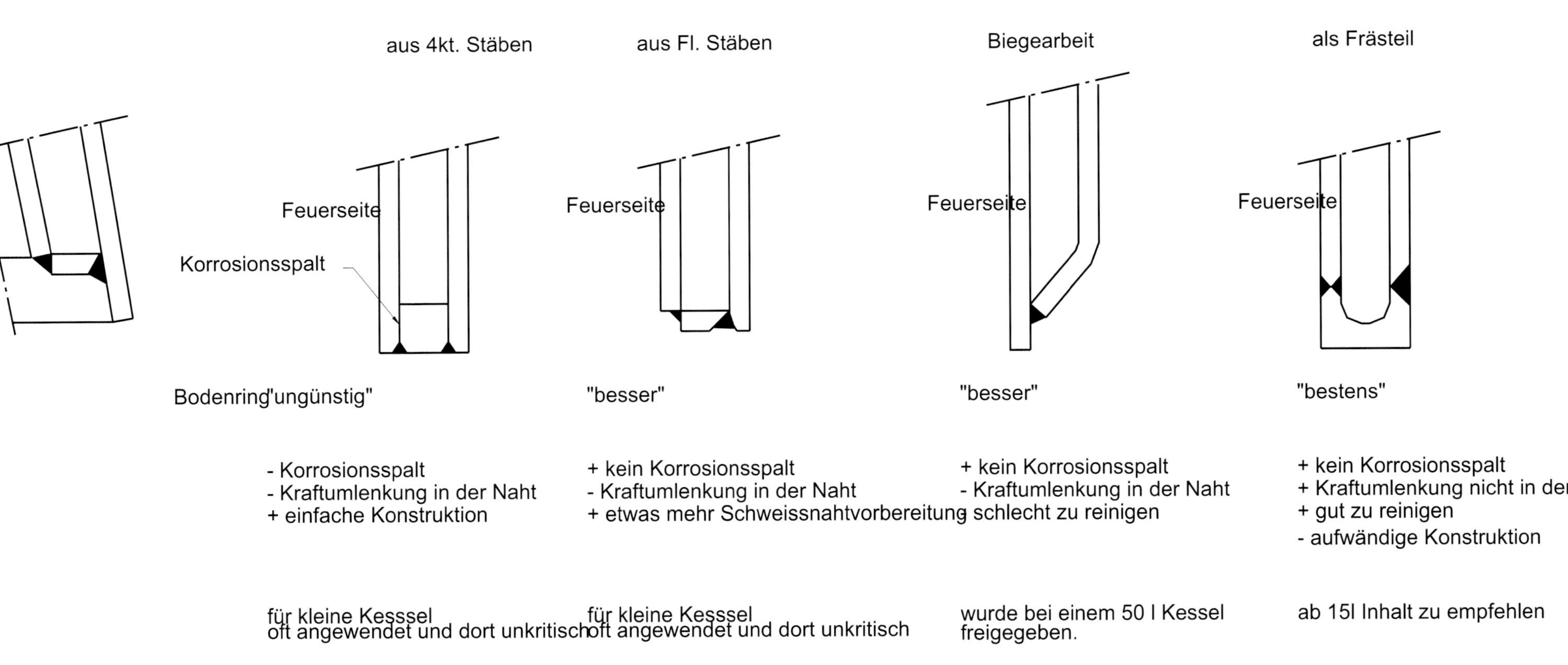

Bodenring
aus 4kt. Stäben
aus Fl. Stäben
Biegearbeit
als Frästeil
Feuerseite
Feuerseite
Feuerseite
Feuerseite
Korrosionsspalt
Bodenring"ungünstig"
"besser"
"besser"
"bestens"
- Korrosionsspalt
- Kraftumlenkung in der Naht
+ einfache Konstruktion
+ kein Korrosionsspalt
- Kraftumlenkung in der Naht
+ etwas mehr Schweissnahtvorbereitung
+ kein Korrosionsspalt
- Kraftumlenkung in der Naht
schlecht zu reinigen
+ kein Korrosionsspalt
+ Kraftumlenkung nicht in der Nah
+ gut zu reinigen
- aufwändige Konstruktion
für kleine Kesssel
oft angewendet und dort unkritisch
für kleine Kesssel
oft angewendet und dort unkritisch
wurde bei einem 50 l Kessel
freigegeben.
ab 15l Inhalt zu empfehlen

Feuerlochring

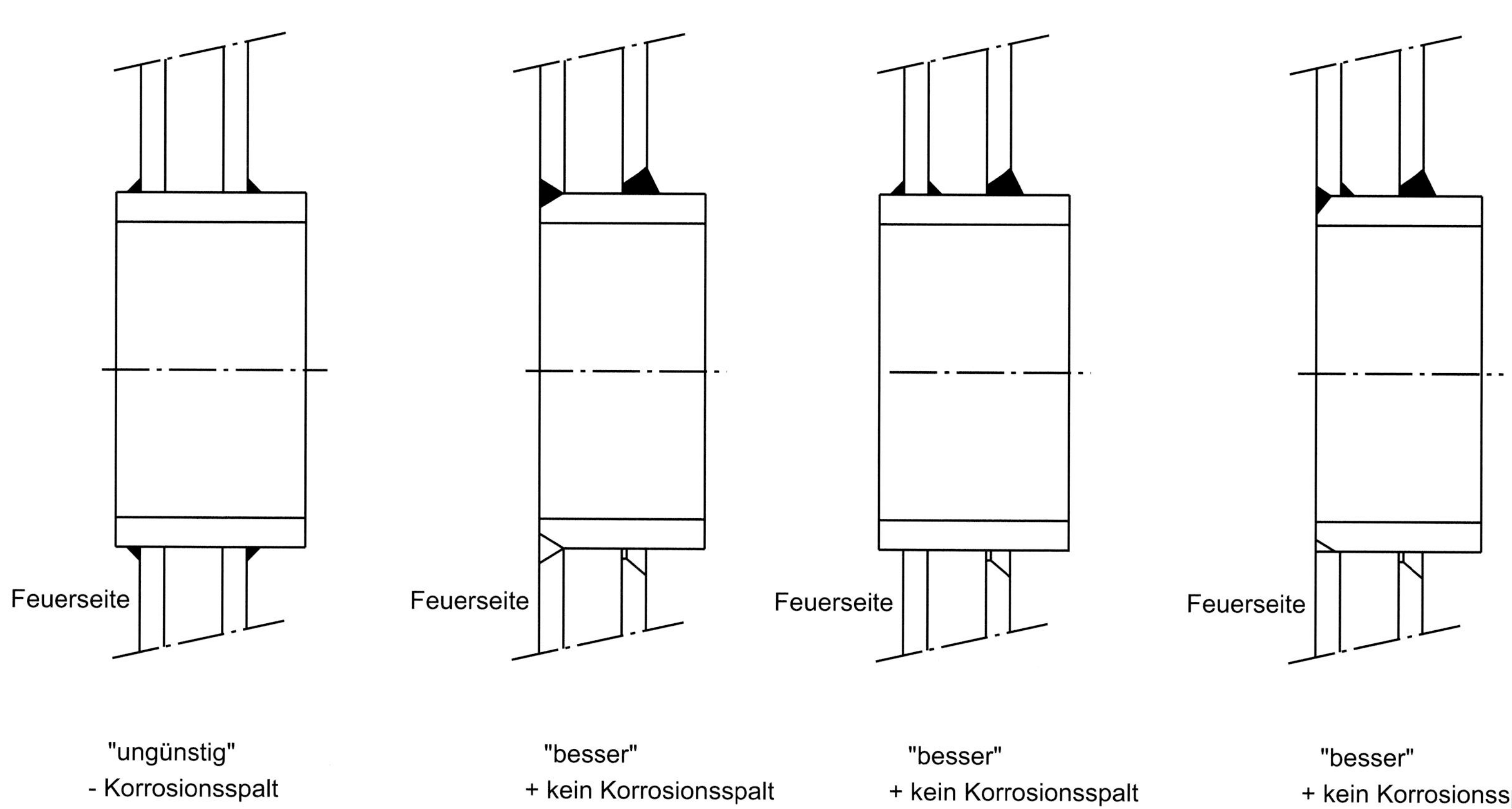

Kraftumlenkung "sanft" gestalten

zB. bei dickeren Rohrspiegeln f. eingew. Rohre

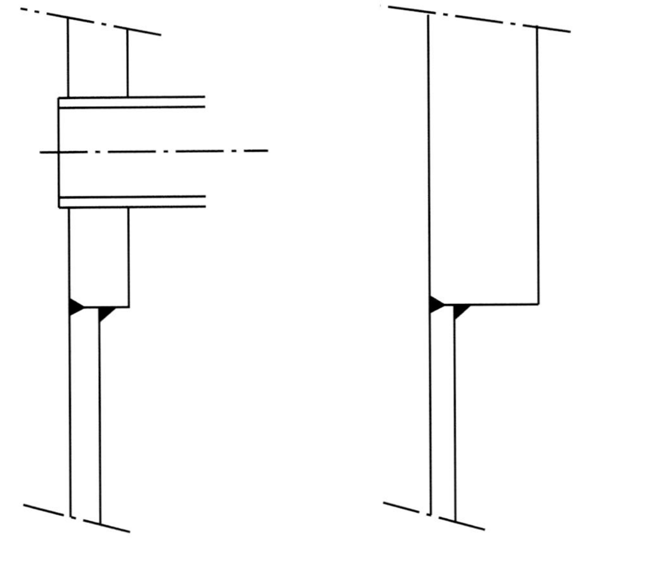

"ungünstig"

aber unkritisch
die Querschnittsänderung
ist noch im Bereich 2:1

"ungünstig"

kritisch
die Querschnittsänderung
ist nicht im Bereich 2:1
mit den Folgen:
Schweissspannungen durch ungleichmässige Erwärmung
nur vorsichtiges (geringer Strom) und ggf. mehrlagiges Schweissen
verhindert überhitzung des Baustoffes

"besser"

"nach den Regeln der Kunst"

Domanschlüsse (1)

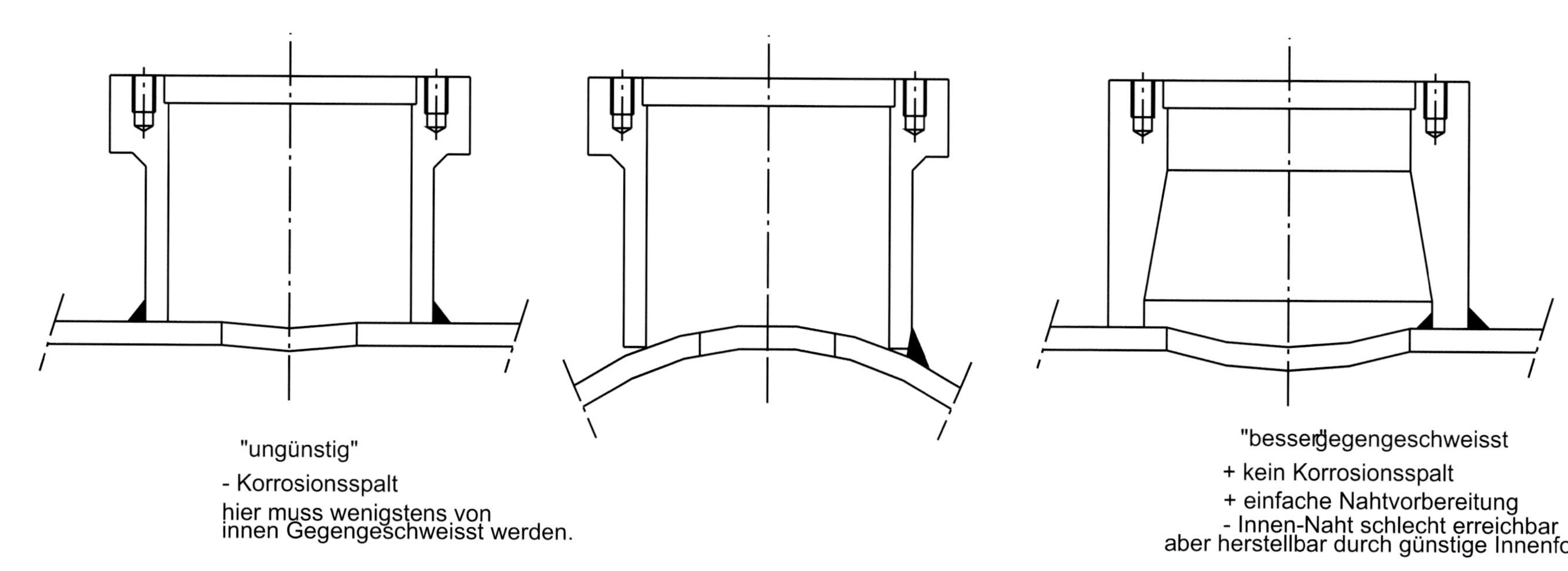

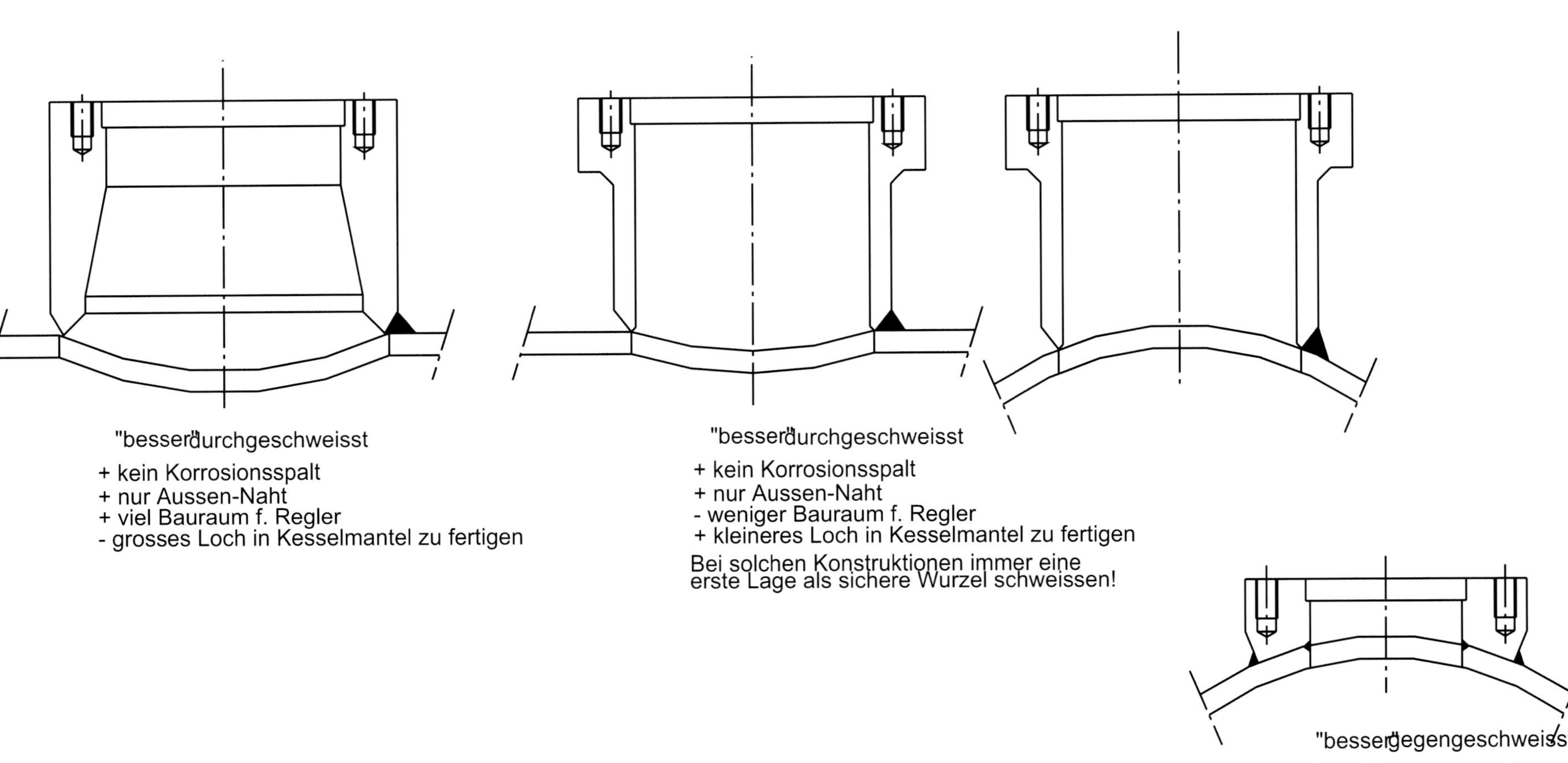

Domanschlüsse (2)
"besser" durchgeschweisst
+ kein Korrosionsspalt
+ nur Aussen-Naht
+ viel Bauraum f. Regler
- grosses Loch in Kesselmantel zu fertigen
"besser" durchgeschweisst
+ kein Korrosionsspalt
+ nur Aussen-Naht
- weniger Bauraum f. Regler
+ kleineres Loch in Kesselmantel zu fertigen
Bei solchen Konstruktionen immer eine
erste Lage als sichere Wurzel schweissen!
"besser" gegengeschweisst
+ kein Korrosionsspalt
- Innen-Naht gut erreichbar
- Bearbeitung Dom aufwändig

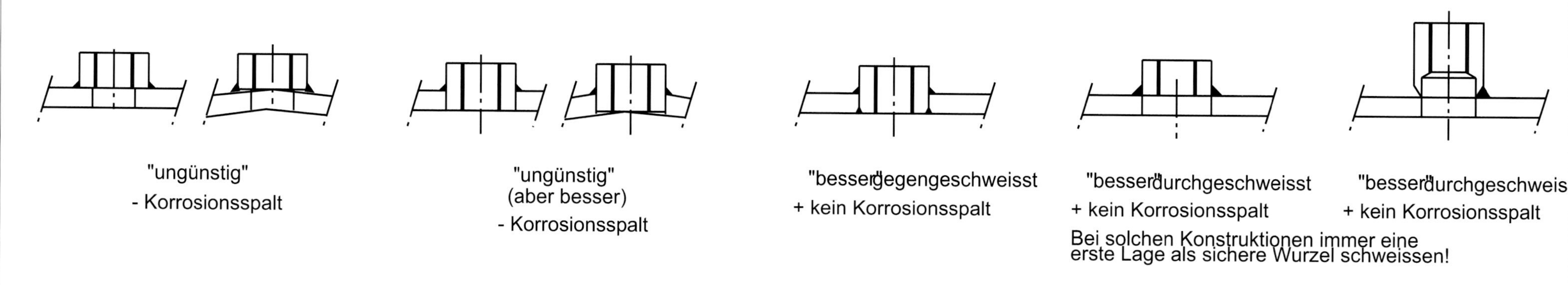
"ungünstig"
- Korrosionsspalt
"ungünstig"
(aber besser)
- Korrosionsspalt
"besser" gegengeschweisst
+ kein Korrosionsspalt
"besser" durchgeschweisst
+ kein Korrosionsspalt
"besser" durchgeschweisst
+ kein Korrosionsspalt
Bei solchen Konstruktionen immer eine
erste Lage als sichere Wurzel schweissen!

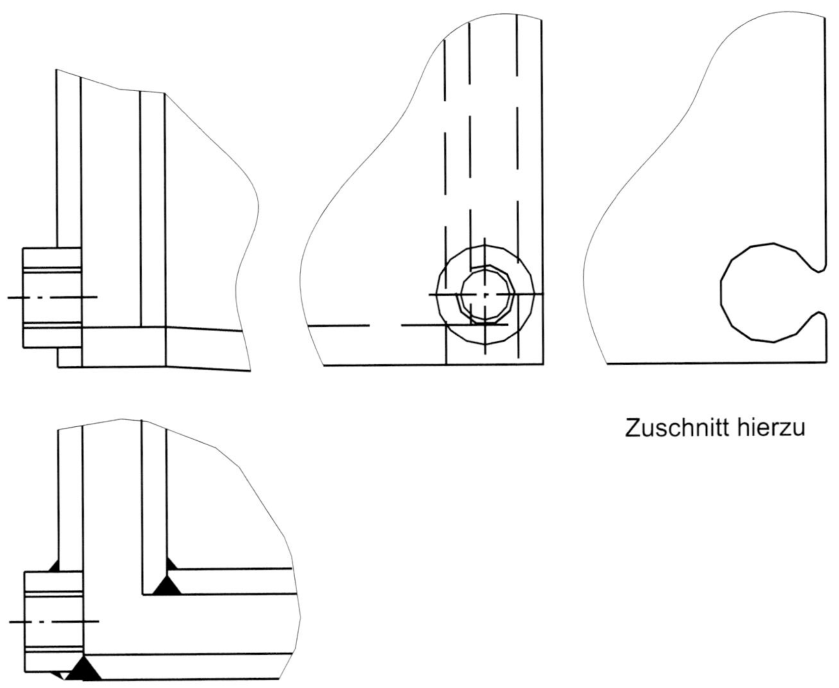

Zuschnitt hierzu

Referenzkessel

1. Stahlkessel   10 Liter für Dampflokomotive Maßstab 1:11

2. Kupferkessel   1,2 Liter für Dampfzugmaschine Maßstab 1:8

3. Stahlkessel   43 Liter für Dampfpflugmaschine Maßstab 1:3,3

4. Kupferkessel   25 Liter für Dampflokomotive Maßstab 1:8

5. Edelstahlkessel 4,7 Liter für Dampflokomotive Maßstab 1:11

Die folgenden Zeichnungen sind nicht im Maßstab 1:1 gedruckt.

Bitte beim Nachmessen die Reduzierung der Größe beachten.

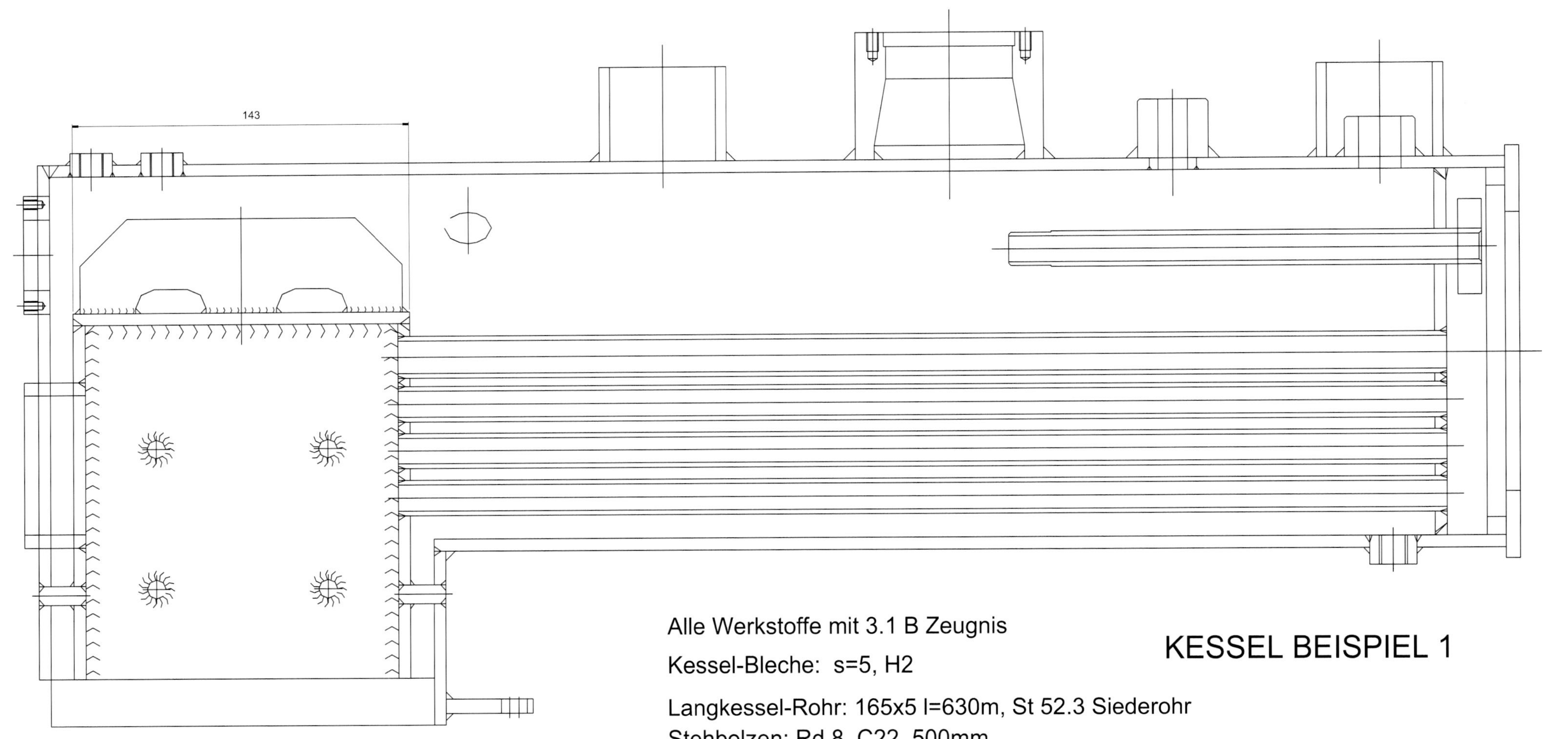

143
Alle Werkstoffe mit 3.1 B Zeugnis
Kessel-Bleche: s=5, H2
Langkessel-Rohr: 165x5 l=630m, St 52.3 Siederohr
Stehbolzen: Rd.8, C22, 500mm
Stutzen: Rd.30, C22; 800mm
Dampfdom, Feuerlochring, Reglerflansch: Rd.80, C22; 300mm
Rauchrohre: Ro. 18x2 Präzisionsstahlrohr St35.8; 1800mm
Ro. 15x2 Präzisionsstahlrohr St35.8; 6000mm
Schweißverfahren: WIG
Schweißzusatz: SG2 WIG-Schweißstab 2mm
KESSEL BEISPIEL 1

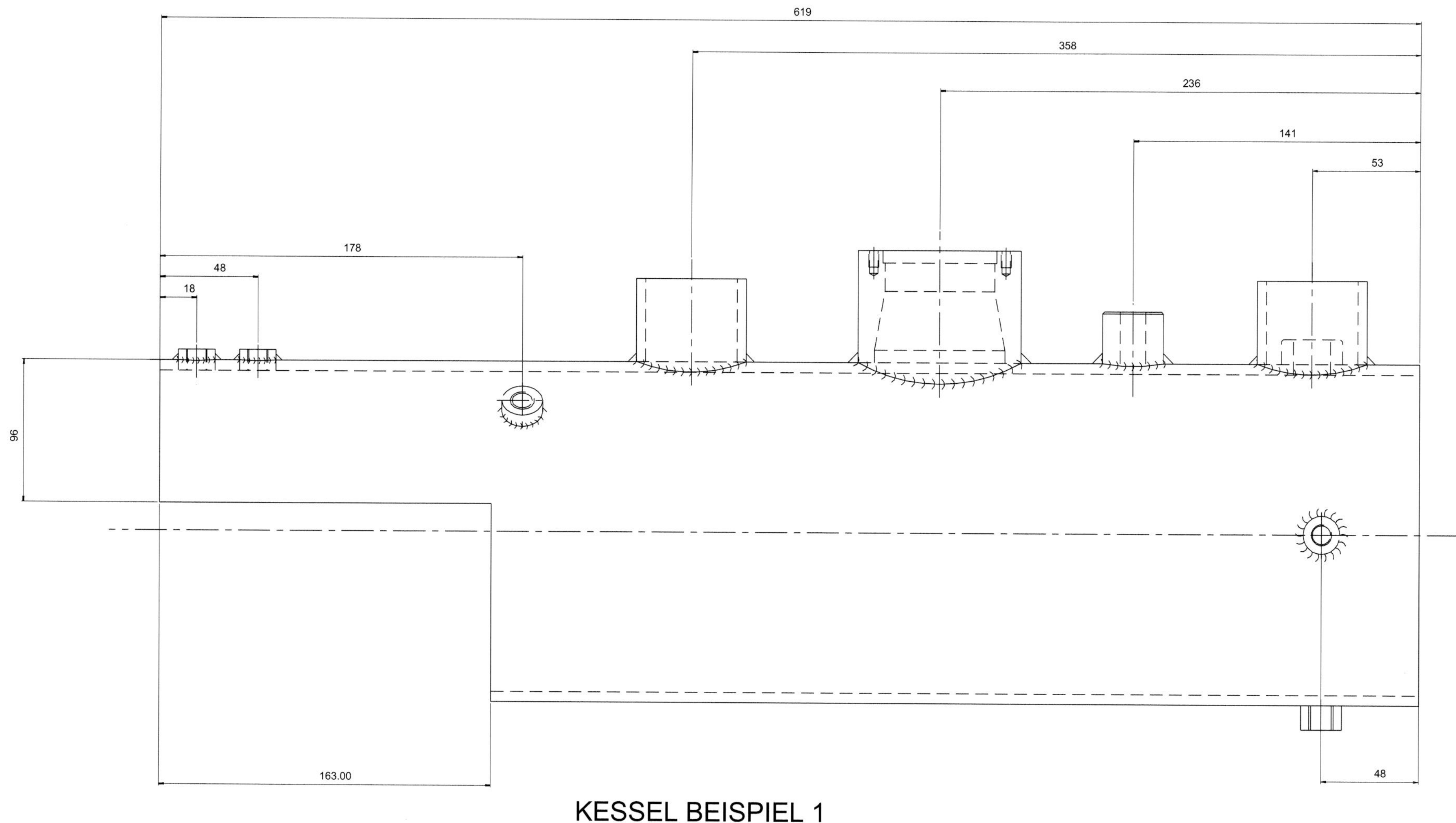

619
358
236
141
53
178
48
18
96
163.00
48
KESSEL BEISPIEL 1

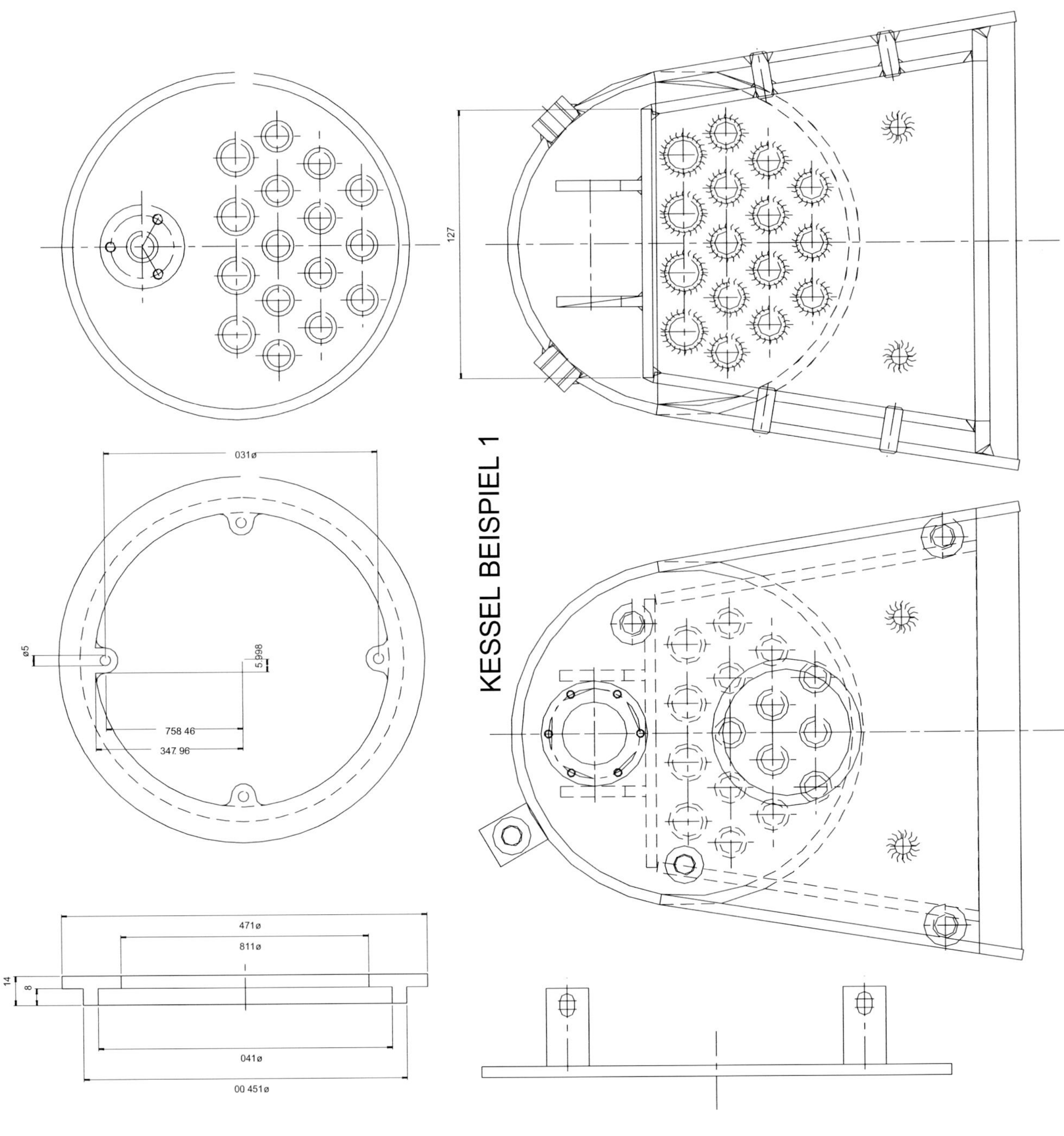
KESSEL BEISPIEL 1

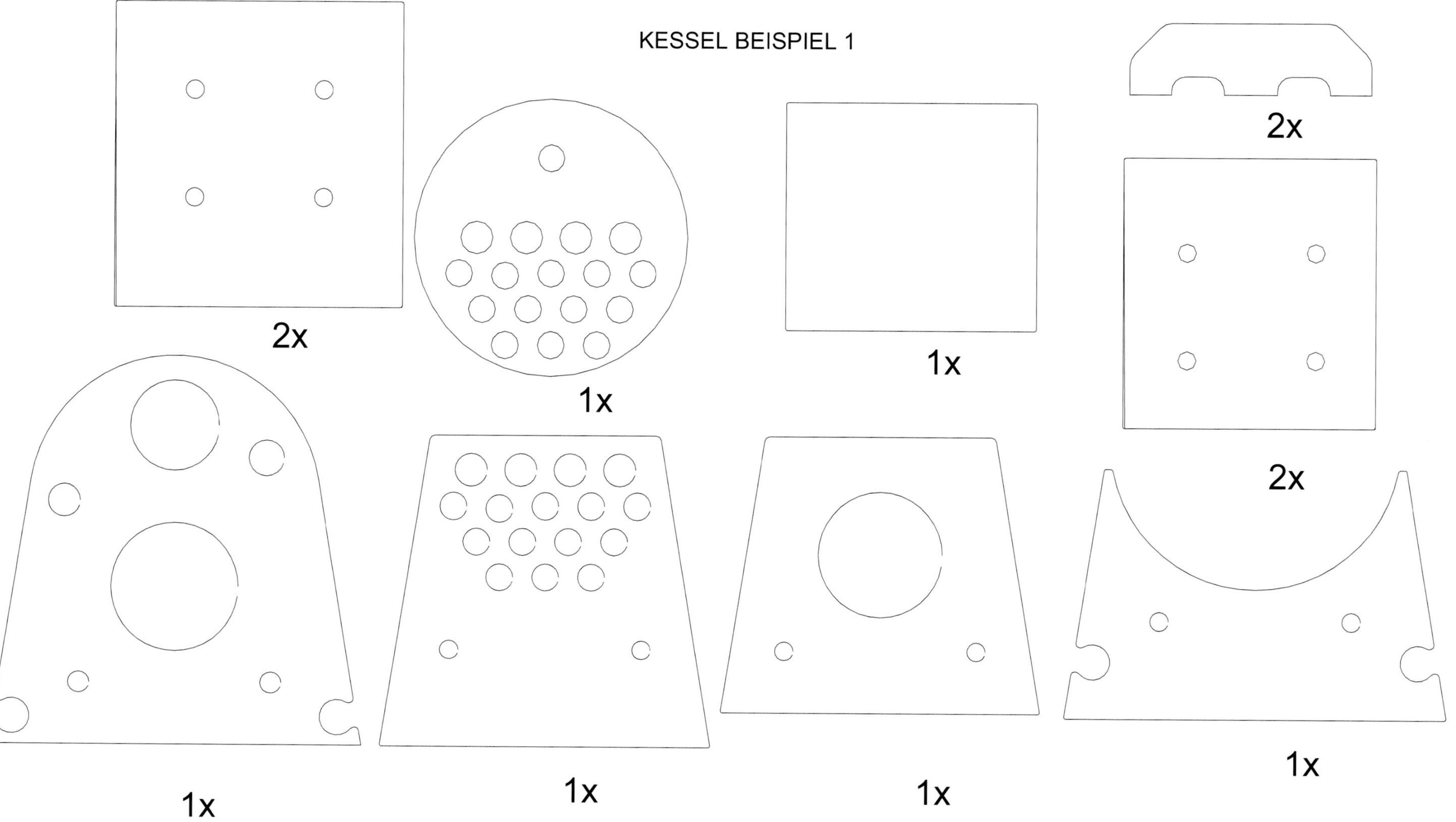

81

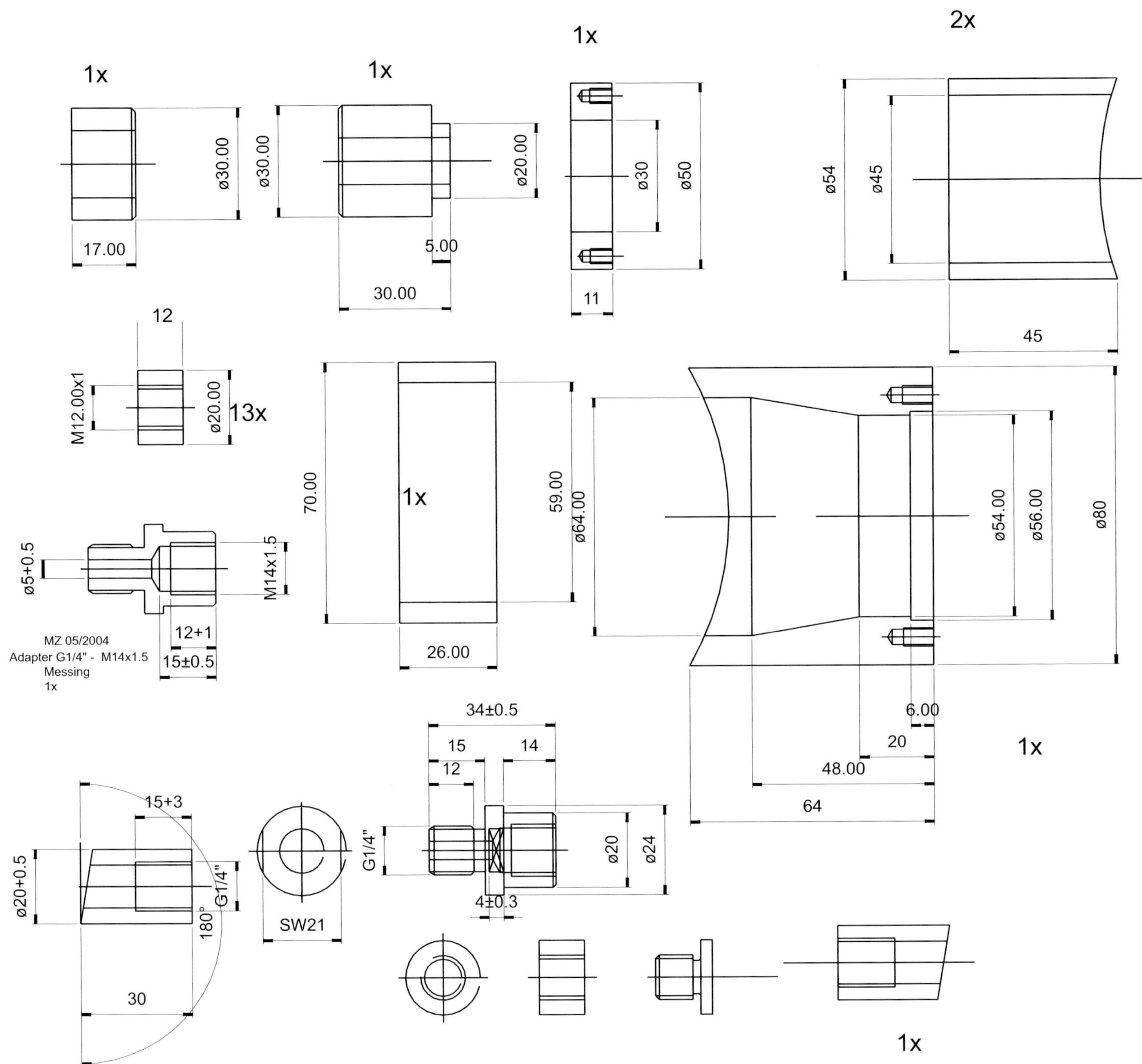

KESSEL BEISPIEL 1

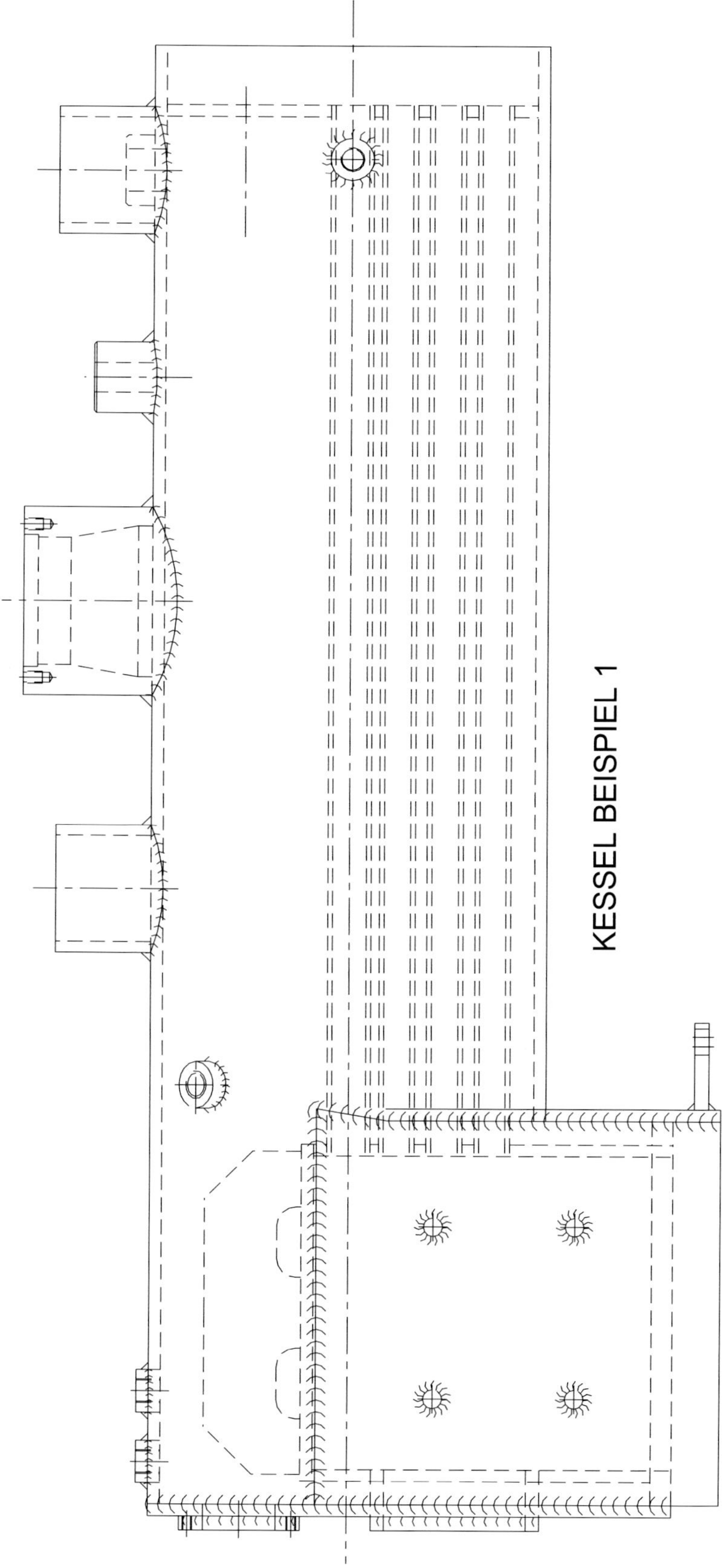

KESSEL BEISPIEL 1

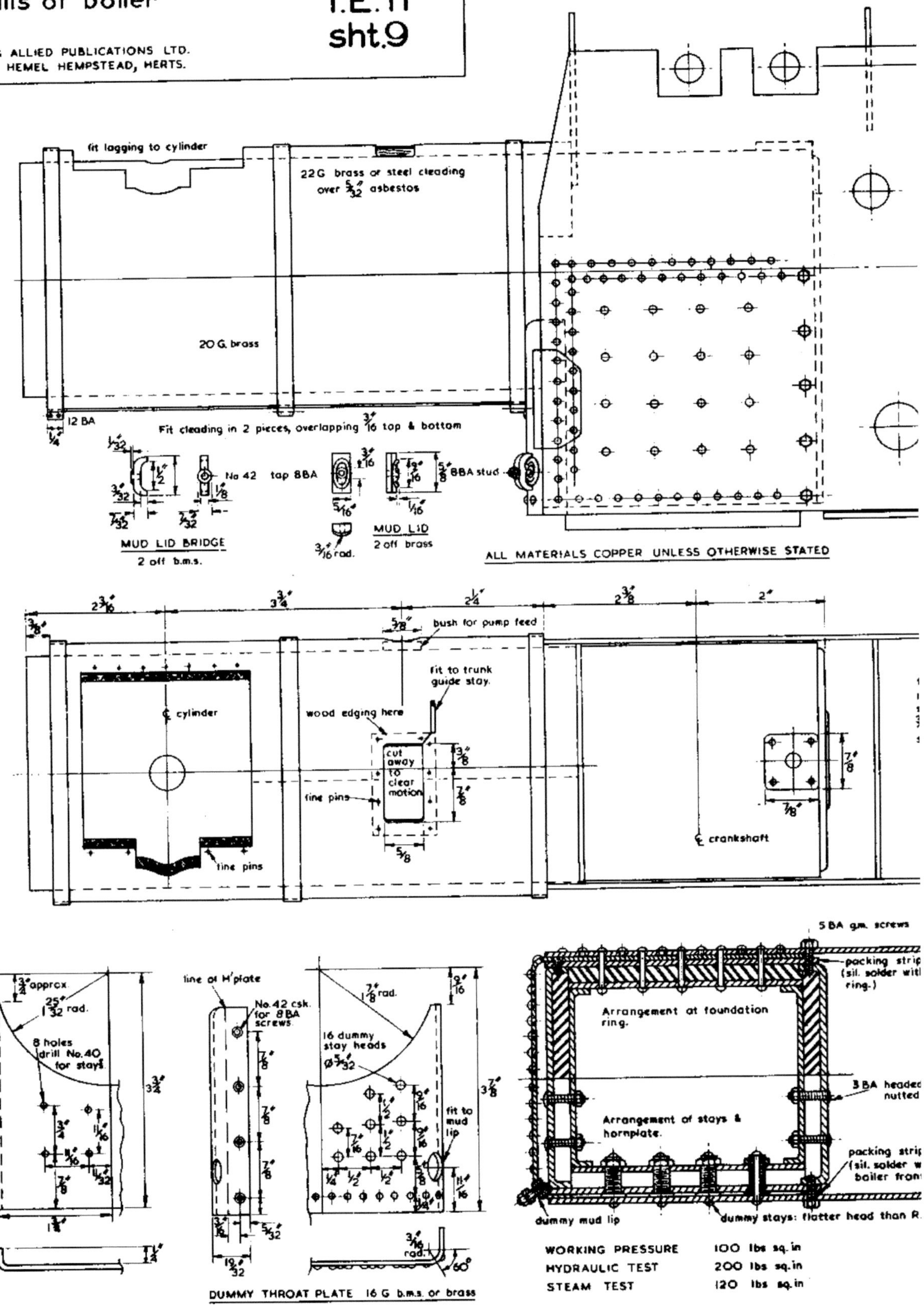

Aus dem Bauplan die verkleinerte Wiedergabe des Dampfkessels
fit lagging to cylinder
22G brass or steel cleading over 5/32" asbestos
20 G. brass
12 BA
Fit cleading in 2 pieces, overlapping 3/16" top & bottom
No 42 tap 8BA
5/16
MUD LID BRIDGE
2 off b.m.s.
3/16 rad.
MUD LID
2 off brass
5 8BA stud
ALL MATERIALS COPPER UNLESS OTHERWISE STATED
2 3/16
3 3/4
2 1/4
2 3/8
2
bush for pump feed
fit to trunk guide stay.
wood edging here
Ȼ cylinder
cut away to clear motion
fine pins
fine pins
5/8
3/8
7/8
Ȼ crankshaft
5 BA g.m. screws
packing strip (sil. solder with ring.)
Arrangement at foundation ring.
3 BA headed nutted
Arrangement of stays & hornplate.
packing strip (sil. solder w boiler fron
dummy mud lip
dummy stays: flatter head than R
approx.
25/32 rad.
8 holes drill No.40 for stays
3 3/4
line of H'plate
No. 42 csk. for 8 BA screws
1/8 rad.
16 dummy stay heads Ø 5/32
fit to mud lip
3 3/8
5/32
3/16 rad.
19/32
60°
DUMMY THROAT PLATE 16 G b.m.s. or brass
WORKING PRESSURE   100 lbs sq. in
HYDRAULIC TEST   200 lbs sq. in
STEAM TEST   120 lbs sq. in

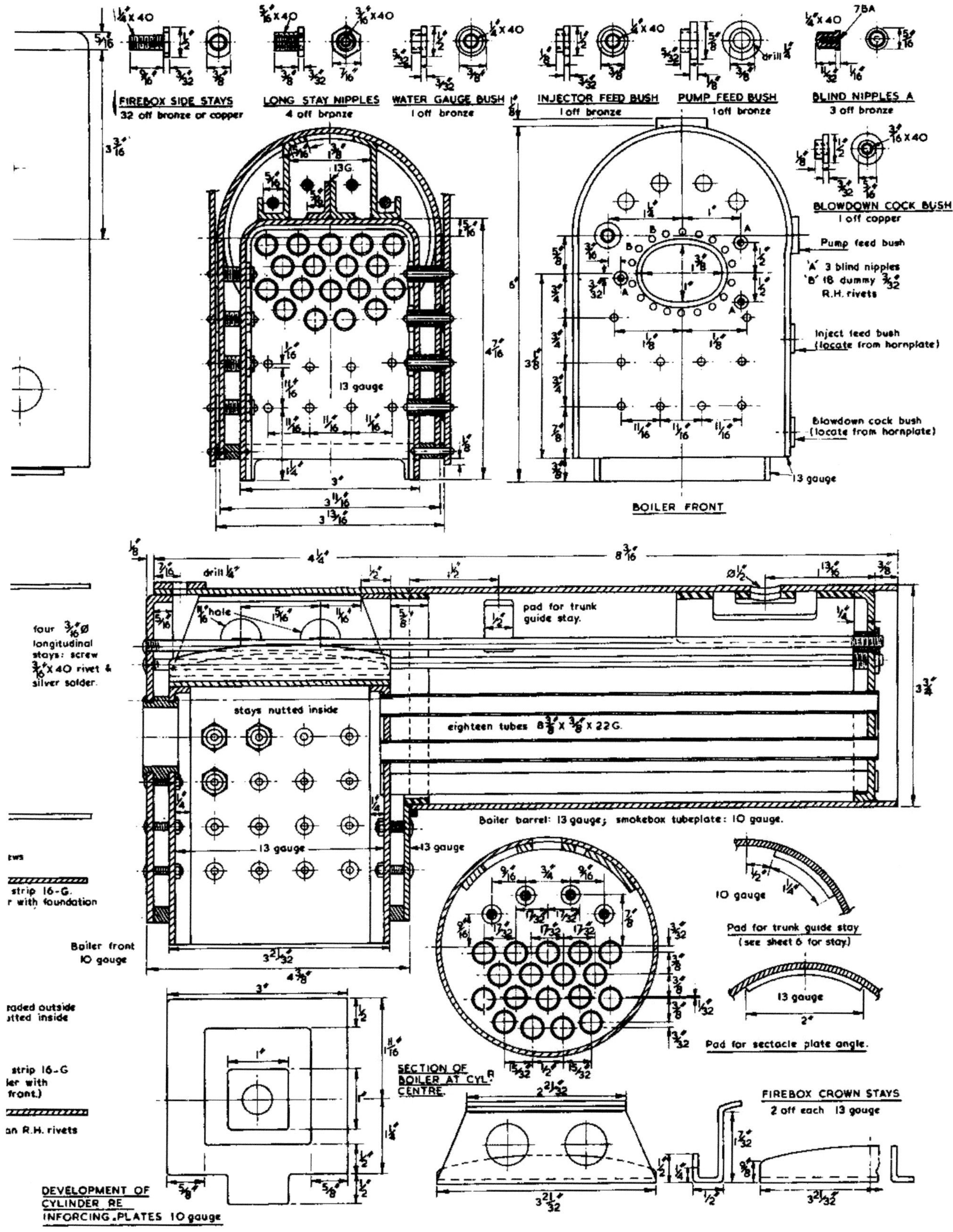

Notes: All joints brazed or silver soldered. For side stays jig drill from hornplates.
Make side stays solid & with 3/32" thick head, as drawn in detail.
After boiler is built & tested, machine off surplus to form true surfaces for hornplates.
Then jig drill 3/32 holes for rivets from hornplates.

FIREBOX SIDE STAYS
32 off bronze or copper

LONG STAY NIPPLES
4 off bronze

WATER GAUGE BUSH
1 off bronze

INJECTOR FEED BUSH
1 off bronze

PUMP FEED BUSH
1 off bronze

BLIND NIPPLES A
3 off bronze

BLOWDOWN COCK BUSH
1 off copper

Pump feed bush
'A' 3 blind nipples
'B' 18 dummy 3/32"
R.H. rivets
Inject feed bush
(locate from hornplate)
Blowdown cock bush
(locate from hornplate)
13 gauge

BOILER FRONT

four 3/16"Ø longitudinal stays: screw 3/16"X40 rivet & silver solder.

pad for trunk guide stay.

stays nutted inside

eighteen tubes 8 3/8" X 3/8" X 22G.

Boiler barrel: 13 gauge; smokebox tubeplate: 10 gauge.

13 gauge

strip 16-G.
r with foundation

Boiler front
10 gauge

raded outside
utted inside

strip 16-G
ler with
front.)

an R.H. rivets

DEVELOPMENT OF
CYLINDER RE
INFORCING PLATES 10 gauge

SECTION OF
BOILER AT CYL.
CENTRE.

10 gauge
Pad for trunk guide stay
(see sheet 6 for stay)

13 gauge
Pad for sectacle plate angle.

FIREBOX CROWN STAYS
2 off each 13 gauge

Kessel Beispiel 3

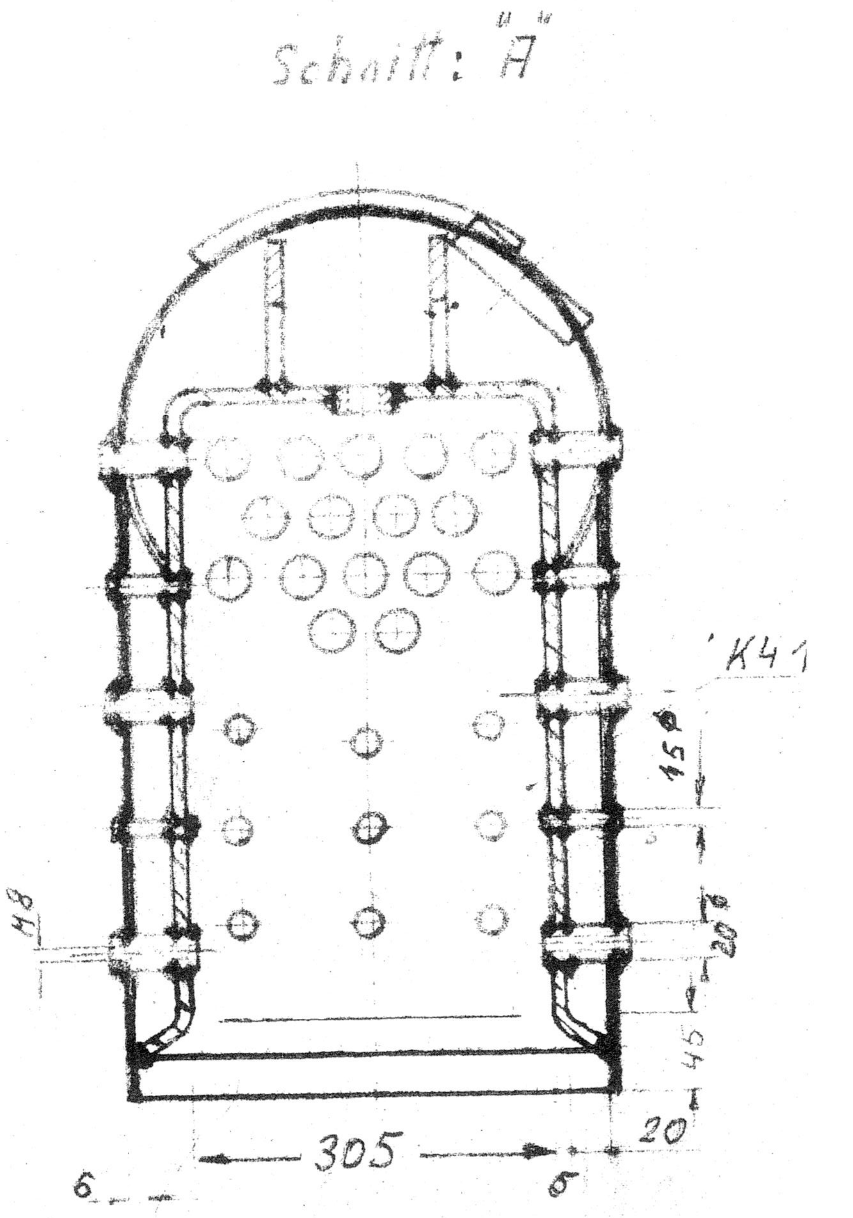

1	Bertriebsdruck max 10 bar
2	Kesselinhalt max 43 l
3	Kesselinhalt bis NW 31,5 l
4	Rostfläche 660cm²
5	Ferie Rauchrohrfläche 55,3 cm³
6	Heizfläche der Feuerbüchse 4457 cm²
7	Heizfläche der Rauchrohre 8113 cm²
8	Gesamte Verdampfungsheizfläche 12570 cm²
9	Rohrlänge zwischen den Rohrwänden 769 mm
10	Gewicht 125 Kg

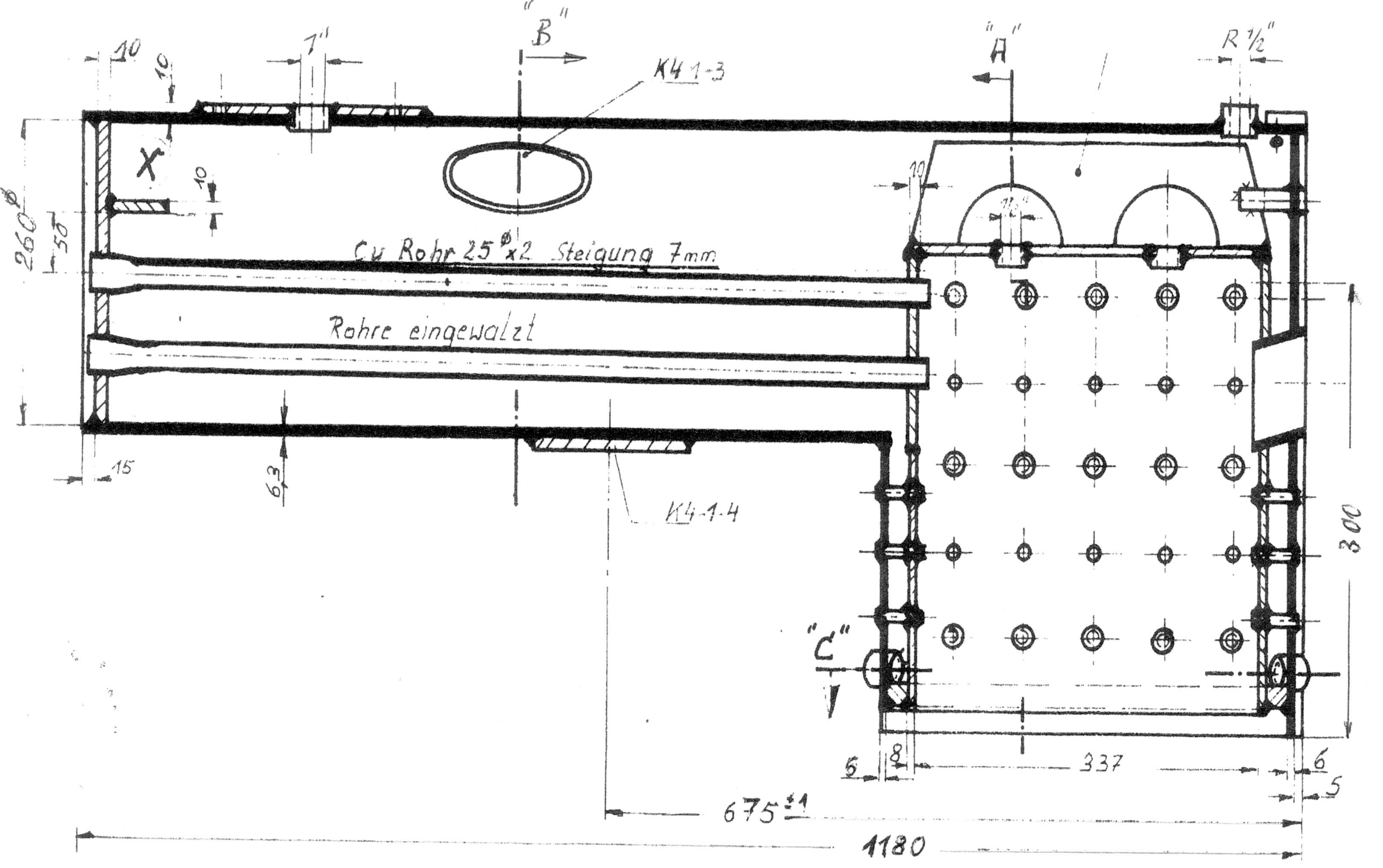
"B"
"A"
R 1½"
K4-1-3
K4-1-4
X
"C"
10
10
7"
10
260 Ø
50
Cu Rohr 25 Ø x2 Steigung 7mm
Rohre eingewalzt
15
63
3 00
5
8
337
6
5
675 ±1
1180

Kessel Beispiel 4

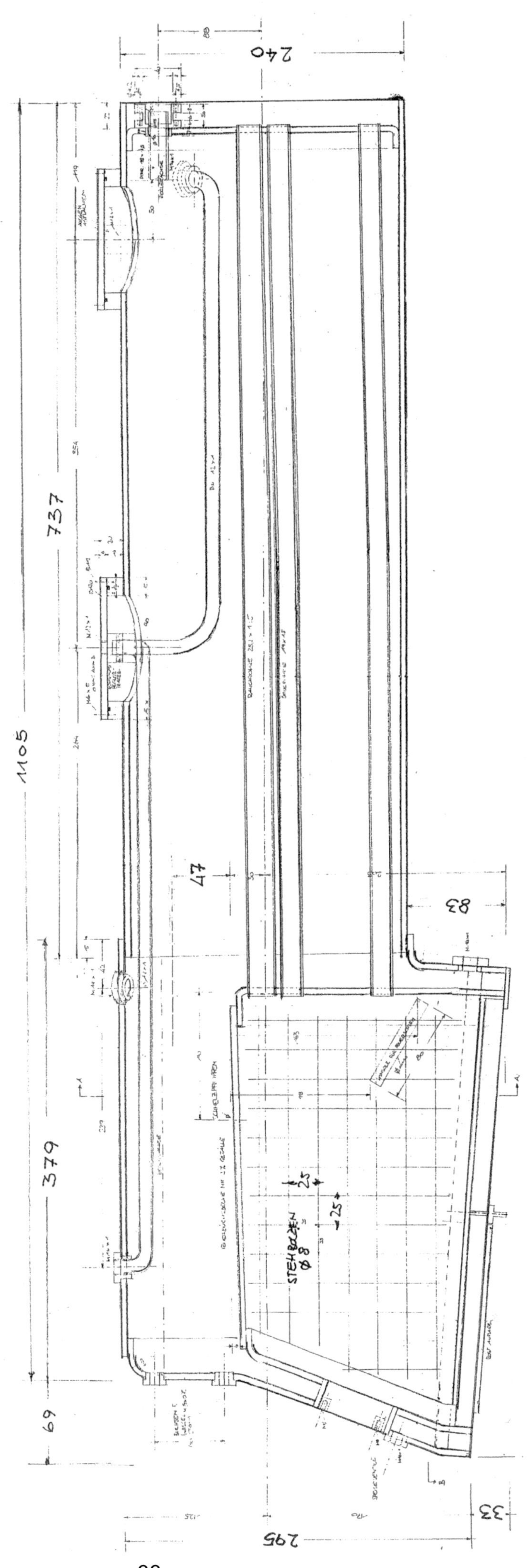

Kessel Beispiel 4

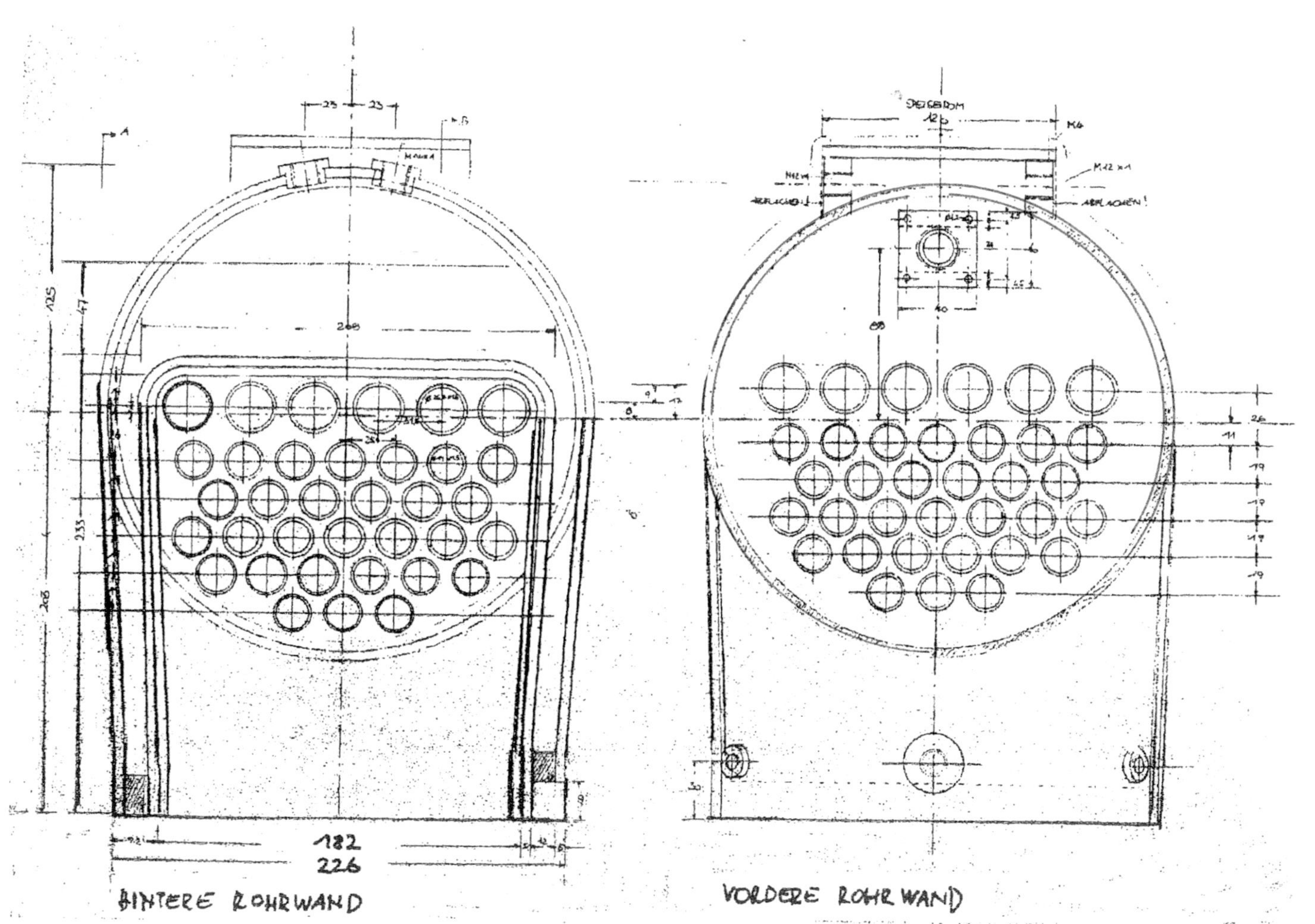

KESSEL FÜR BR 44 7¼° M = 1 : 7,8			
BETRIEBSDRUCK	MAX 8 BAR	LEERGEWICHT	90 kg
KESSELINHALT	25 L	ROSTFLÄCHE	670 cm²
— " — BIS NW	19 L		
WERKSTOFF	KUPFER BLECH d=5	ÜBERLAPPUNGEN	MIN. 20 mm
ROHRE	CU , EINGELÖTET	LÖTMATERIAL	SILBERLOT
ROHRLÄNGE ZW. ROHRWÄNDEN	750 mm	SIEDEROHRE RAUCHROHRE	19 × 1,5 mm / 25,4 × 1,5 mm
ROHRHEIZFLÄCHE	16.580 cm²	ÜBERHITZER HEIZFL	2.670 cm²
STRAHLUNGS HEIZFL.	2.577 cm²	GESAMTHEIZFLÄCHE	21.827 cm²

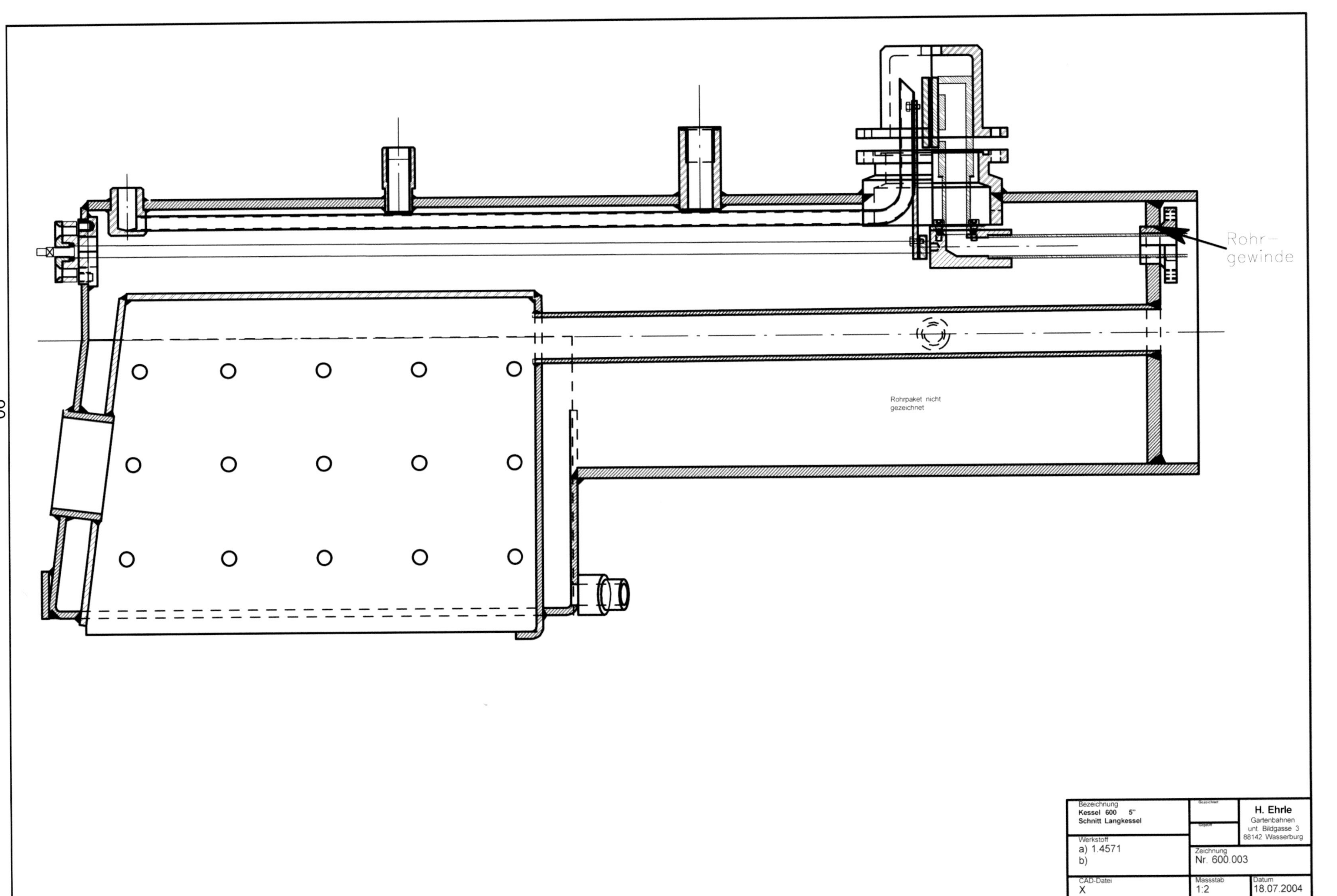

Rohr-
gewinde
Rohrpaket nicht
gezeichnet
Bezeichnung
Kessel 600   5"
Schnitt Langkessel
Werkstoff
a) 1.4571
b)
CAD-Datei
X
Gezeichnet
geprüft
Zeichnung
Nr. 600.003
Massstab
1:2
H. Ehrle
Gartenbahnen
unt. Bildgasse 3
88142 Wasserburg
Datum
18.07.2004

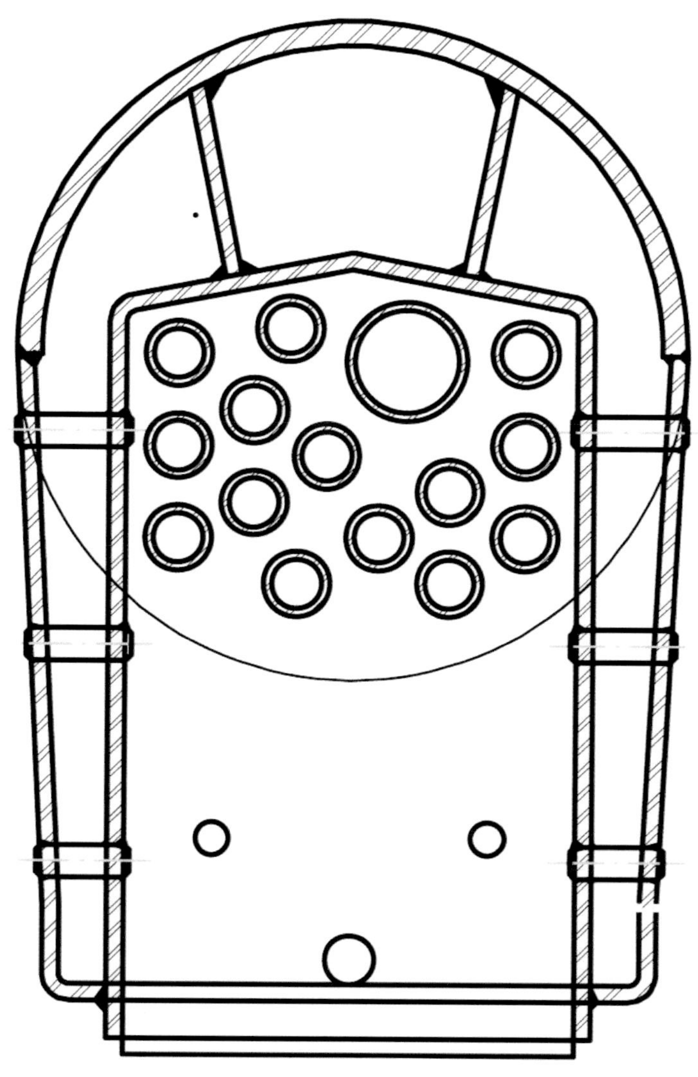

<table>
<tr><td>Bezeichnung
Kessel 600   5"
Schnitt Feuerbüchse</td><td>Gezeichnet</td><td rowspan="2">H. Ehrle
Gartenbahnen
unt. Bildgasse 3
88142 Wasserburg</td></tr>
<tr><td>Geprüft</td></tr>
<tr><td>Werkstoff
a) 1.4571
b)</td><td colspan="2">Zeichnung
Nr. 600.004</td></tr>
<tr><td>CAD-Datei
X</td><td>Massstab
1:2</td><td>Datum
18.07.2004</td></tr>
</table>

<u>Bescheinigung über eine Kaltwasserdruckprüfung vor Erstinbetriebnahme</u>

Bauart: Lokomotivkessel für Dampfmodell   Wasserinhalt: ______ liter

Baujahr: ______   Betriebsdruck: ___ bar

Kessel-Nr.: __

Feuerungsart: ________   Rostfläche: ______ cm^2

<u>verwendete Werkstoffe</u>

Kesselmantel: St.52.3 mit 3.1 B Zeugnis

Innenkonstruktion: H2 Blech mit 3.1 B Zeugnis

Schweißzusatz-Werkstoffe: SG 2

Schweißverfahren: WIG

Zeichnungsnummer: siehe Übersichtszeichnung

<u>Hersteller:</u>

An dem obenstehend näher bezeichneten Dampfkessel wurde

am __.__.______ eine Kaltwasserdruckprüfung mit einem Prüfdruck von ___ bar

über einen Zeitraum von mindestens 30 Minuten durchgeführt.

Der Kessel hat dem Prüfdruck ohne Beanstandung standgehalten.

Es wurden keine Undichtigkeiten und keine Verformungen festgestellt.

____
Ort, Datum

____
Prüfer

Dampfbahn-Club Deutschland
GARTENBAHN UND DAMPFMODELLBAU
DBC -D

Dokumentation von Kessel-Untersuchungen an einem Dampf-Modell

Art des Dampfmodells

(Lok / Straßen-Lok. / Stationär) ....

Betreiber/Eigentümer

....

Kessel-Kategorie **Gewerblicher Hersteller**

Kat I, II, III (P x V 50, 200, oder 1000) .... ja / nein ....

Name d. Herstellers

....

Kessel-Nr. **Gesamtvolumen V**

.... Liter ....

Betriebsdruck PS

bar ....

Kesselwerkstoff

....

Vorstehender Kessel wurde nach der Herstellung im Jahre ....**einer Wasserdruckprüfung**

mit einem Prüfdruck von .... bar unterzogen. Die Angaben beruhen auf der Prüfbescheinigung des Herstellers.

Frist für Kessel-Untersuchungen (1 bis max. 4 Jahre)

(vom Betreiber festzulegen ja nach Kesselbeanspruchung) ....

Datum	Eingehende Darstellung ausgeführter Arbeiten, vorgefundene Wandungszustände, durchgeführte Wasserdruck-Prüfungen, ergriffene Maßnahmen	Hilfsmittel Endoskop ja/ nein	Name Ausführender in Blockschrift	Unterschrift Kürzel

Datum	Eingehende Darstellung ausgeführter Arbeiten, vorgefundene Wandungszustände, durchgeführte Wasserdruck-Prüfungen, ergriffene Maßnahmen	Hilfsmittel Endoskop ja/ nein	Name Ausführender in Blockschrift	Unterschrift Kürzel
	94			

Bezugsquellen für Dampfkessel

Balson AG
Kaltenbacherstrasse 42
CH – 8260 Stein am Rhein

www.balson.ch

Southern Boiler Works
Camberley
GB- Surrey
Tel: xx44- (0)1276 505211

www.ptmachining.co.uk

H. Ehrle
Untere Bildgasse 3
D-88142 Wasserburg

www.gartenbahn-ehrle.de

Precirail sprl
Rue E. Dufossez 60
B-7140 Morlanwelz

precirail@hotmail.com

E. Zimmermann GmbH
Im Sichert 15
D-74613 Öhringen

www.dampfbahn-zimmermann.de

Bezugsquellen für Material

Wilms
Metallmarkt
Widdersdorfer Str. 215
D-50825 Köln

0221-546680

www.wilmsmetall.de

Wilhelm Schlechtriem e.K.
Rohrwalzen
Parkstrasse 44
D- 42857 Remscheid

02191-973323

www.schlechtriem.de